Basiswissen Allgemeine Betriebswirtschaftslehre

Gerd-Inno Spindler

Basiswissen Allgemeine Betriebswirtschaftslehre

Quick Guide für (Quer-) Einsteiger, Jobwechsler, Selbstständige, Auszubildende und Studierende

 Springer Gabler

Gerd-Inno Spindler
Kahl am Main, Deutschland

ISBN 978-3-658-18629-6   ISBN 978-3-658-18630-2   (eBook)
DOI 10.1007/978-3-658-18630-2

Die Deutsche Nationalbibliothek verzeichnet diese Publikation in der Deutschen Nationalbiblio-
grafie; detaillierte bibliografische Daten sind im Internet über http://dnb.d-nb.de abrufbar.

Springer Gabler

Lektorat: Manuela Eckstein

Springer Gabler ist Teil von Springer Nature
Die eingetragene Gesellschaft ist Springer Fachmedien Wiesbaden GmbH
Die Anschrift der Gesellschaft ist: Abraham-Lincoln-Str. 46, 65189 Wiesbaden, Germany

Vorwort

Die Allgemeine Betriebswirtschaftslehre gehört zu den grundlegenden Lehren innerhalb der Wirtschaftswissenschaften. In diesem „Quick Guide" werden alle Grundfunktionen in einem Unternehmen dargestellt und die Zusammenhänge untereinander sowie die gegenseitigen Abhängigkeiten beschrieben. Neben der Einordnung der Betriebswirtschaftslehre werden die Grundlagen der Produktion, der Materialwirtschaft, des betrieblichen Rechnungswesens, der Finanzierung, der Organisation, des Personalmanagements und von Vertrieb und Marketing anschaulich vermittelt.

In meinen bisherigen beruflichen Stationen von Blaupunkt über Nintendo, Black & Decker bis zu Aral/BP waren die betriebswirtschaftlichen Tatbestände und Zusammenhänge immer ein wichtiger und übergreifender Faktor. Darum ist es notwendig, sich mit den Grundlagen der Betriebswirtschaftslehre zu beschäftigen und die Abhängigkeiten zu verstehen – egal, auf welcher Stufe in einer Organisation, und ganz gleich, in welchem Aufgabenbereich man beschäftigt ist. Die einzelnen Kapitel sind so aufgebaut, dass sie auch separat gelesen werden können oder gezielt etwas nachgeschlagen werden kann.

Die Arbeit als Dozent für Marketing und Betriebswirtschaftslehre an Hochschulen in Frankfurt, Karlsruhe, Mannheim und Mosbach hat mir gezeigt, dass es Studentinnen und Studenten erheblich leichter fällt, den Inhalt einer Vorlesung zu verstehen, zu verarbeiten, anzuwenden und zu lernen, wenn der Stoff anhand von Schaubildern[1] und Grafiken dargestellt wird. Aus diesem Grund ist dieses Buch mit vielen Abbildungen angereichert. Zu jedem Kapitel gibt es Aufgaben, mithilfe derer das Gelernte durch eigenes Anwenden vertieft werden kann. Studierende und Dozierende profitieren von der kompakten Darstellung der

---

[1]Alle Abbildungen sind urheberrechtlich geschützt. © Gerd-Inno Spindler 2017.

Betriebswirtschaftslehre und haben ein aktuelles Nachschlagewerk. Auch Prakti-
ker, unabhängig davon, ob sie Einsteiger oder Quereinsteiger in der Betriebswirtschaftslehre sind, sowie Freiberufler oder Start-up-Unternehmer werden hiervon
profitieren.

Kahl am Main   Gerd-Inno Spindler
im Juni 2017

Inhaltsverzeichnis

Über den Autor

Gerd-Inno Spindler hat in Göttingen Betriebswirtschaftslehre studiert und begann seine Karriere bei Blaupunkt in Hildesheim. Danach war er in leitenden Vertriebs- und Marketingpositionen u. a. für Black & Decker und Nintendo Of Europe tätig. Er wechselte später zur VEBA Oel AG (ab 2002 Deutsche BP AG), wo er zunächst die Geschäftsführung der Caramba Chemie, anschließend der Aral Wärme Service GmbH und später der aws Wärme-Service GmbH, einem Joint Venture der BP Europa SE, übernahm.

Heute arbeitet Gerd-Inno Spindler als Autor und Unternehmensberater. Er leitet Seminare und Workshops zum Thema „Anders denken als bisher" und ist gefragter Referent und Keynote Speaker auf Marketing- und Strategiekonferenzen. Als Dozent für Marketing und Betriebswirtschaftslehre unterrichtet er an Hochschulen in Frankfurt, Mannheim, Karlsruhe und Mosbach. Er hat zusammen mit einem Theaterregisseur und Schauspieler ein innovatives Vortrags- und Tagungskonzept entwickelt, bei dem das Gehörte durch „Zwischenrufe" und Live „Einspielungen" aktiv erlebt und verdeutlicht wird. Sein Buch „Querdenken im Marketing – Wie Sie die Regeln im Markt zu Ihrem Vorteil verändern" ist 2016 in der 2. Aufl. im Springer Gabler Verlag erschienen und ein viel beachtetes Fachbuch zu diesem Thema. Im selben Verlag ist 2016 sein Buch „Basiswissen Marketing" erschienen.

Kontakt:

www.gerd-inno.spindler.de
gerd-inno.spindler@gis-con.de

Abbildungsverzeichnis

Modell und Methoden der Betriebswirtschaftslehre

▶ **Lernziele dieses Kapitels**

- Einordnung der Betriebswirtschaftslehre innerhalb der Wissen-schaften erkennen
- Inhalte und Modelle der Betriebswirtschaftslehre verstehen
- Grundbegriffe „Betrieb" und „Produkt" einordnen können

Wir alle sind auf unterschiedliche Art und Weise mit der Wirtschaft verbunden. Menschen haben Wünsche und Bedürfnisse, die sie befriedigen wollen. Oft äußern sich diese Wünsche in Produkten, die wir haben möchten. Diese Produkte müssen produziert und angeboten werden, damit wir sie erwerben können.

1.1 Einordnung und Inhalt der Betriebswirtschaftslehre

Die **Betriebswirtschaftslehre (BWL)** ist eine Realwissenschaft und gehört zu den Geisteswissenschaften und dort zu den Sozialwissenschaften (Vahs und Schäfer-Kunz 2015). Die Betriebswirtschaftslehre (engl. Business Administration) beschäftigt sich mit dem Aufbau und Ablauf eines Betriebes oder, anders ausgedrückt, mit allen wirtschaftlichen Entscheidungen, die in und um einen Betrieb herum getroffen werden müssen. Wie die **Volkswirtschaftslehre**, die sich deutlich abstrakter mit gesamtwirtschaftlichen Zusammenhängen beschäftigt, ist die Betriebswirtschaftslehre innerhalb der Sozialwissenschaften Teil der Wirtschaftswissenschaften.

© Springer Fachmedien Wiesbaden GmbH 2017
G.-I. Spindler, *Basiswissen Allgemeine Betriebswirtschaftslehre,*
DOI 10.1007/978-3-658-18630-2_1

(1) Wissenschaften

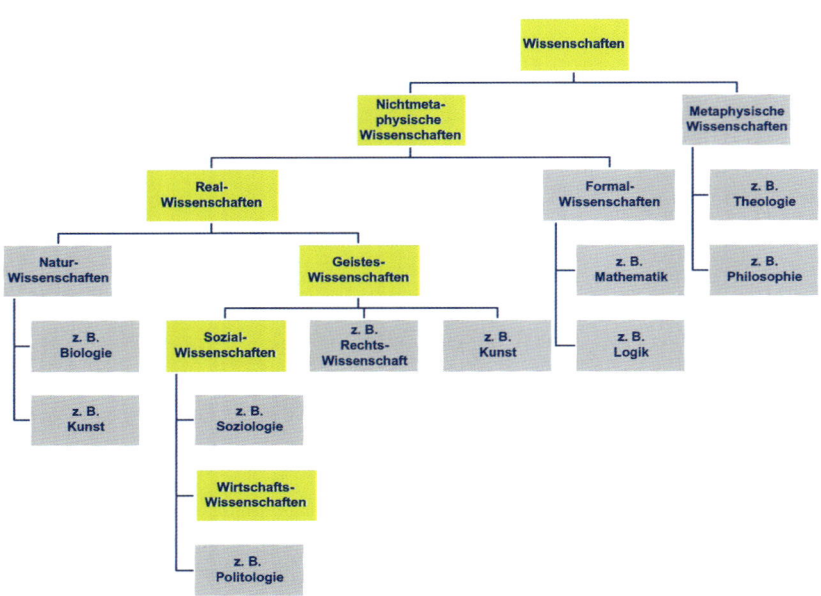

(2) Einordnung der Betriebswirtschaftslehre

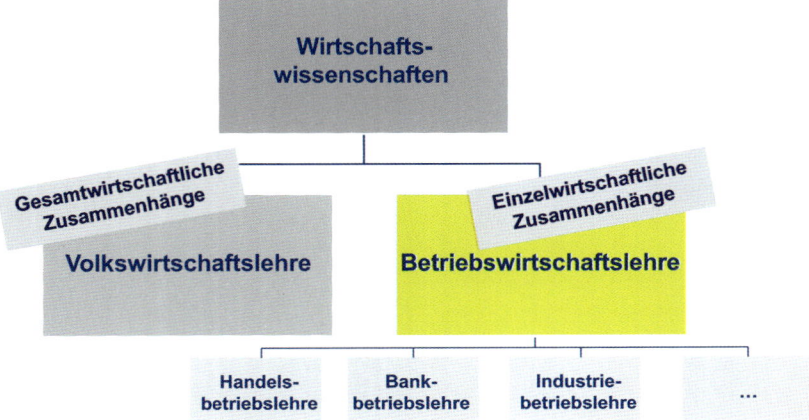

Innerhalb der Betriebswirtschaftslehre wiederum werden weitere spezielle Lehren, z. B. die Handelsbetriebslehre oder Industriebetriebslehre, unterschieden (Weber et al. 2014). Da in der Regel die Güter, die wir haben wollen, nicht unendlich verfügbar sind und auch nicht umsonst zu haben sind, werden diese von einem Betrieb/Unternehmen produziert und an den Kunden verkauft. Die Betriebswirtschaftslehre befasst sich mit allen dafür relevanten Funktionen, Zusammenhängen und Entscheidungen in einem Unternehmen.

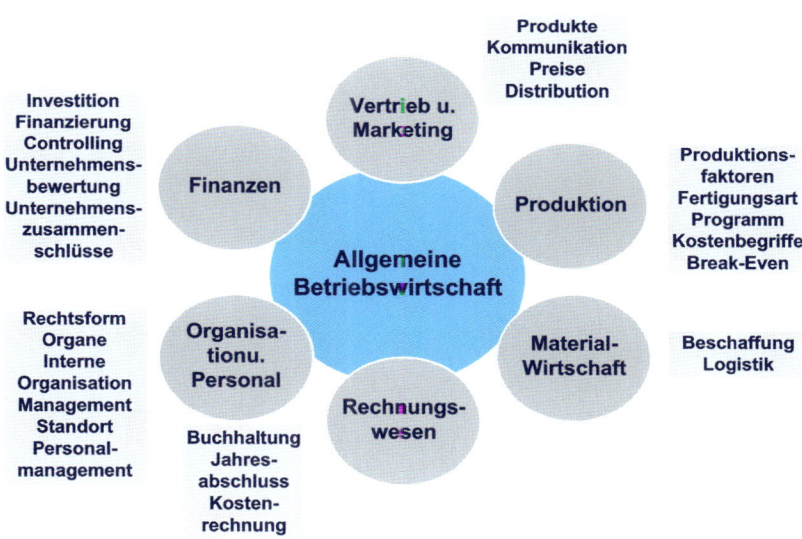

Um diese verständlich darzustellen, arbeitet die Betriebswirtschaftslehre mit unterschiedlichen Modellen, die eine abstrakte und vereinfachte Abbildung der Wirklichkeit darstellen.

Oft wird der **Homo oeconomicus**, gerade bei Vertriebs- und Marketingthemen, als zentraler Bestandteil der Betrachtung herangezogen. Er ist keine reale Person, sondern eine Kunstfigur,

- die vollständig informiert ist,
- immer rational,
- mit festgelegten Präferenzen
- und dem Ziel der Gewinnmaximierung entscheidet.

Der Homo oeconomicus soll in der Betriebswirtschaftslehre durch Abstrahieren und bestimmte Vereinfachungen helfen, Zusammenhänge und Funktionen zu erklären. Hauptkritikpunkte an diesem Modell sind die vollständige Information, das permanente Gewinnstreben und die fehlende Emotion bei seinen Entscheidungen für oder gegen ein Produkt oder eine Marke (Wöhe und Döring 2013). Heute versucht die Betriebswirtschaftslehre die Kritikpunkte und damit ein deutlich komplexeres Verbraucherverhalten zu berücksichtigen.

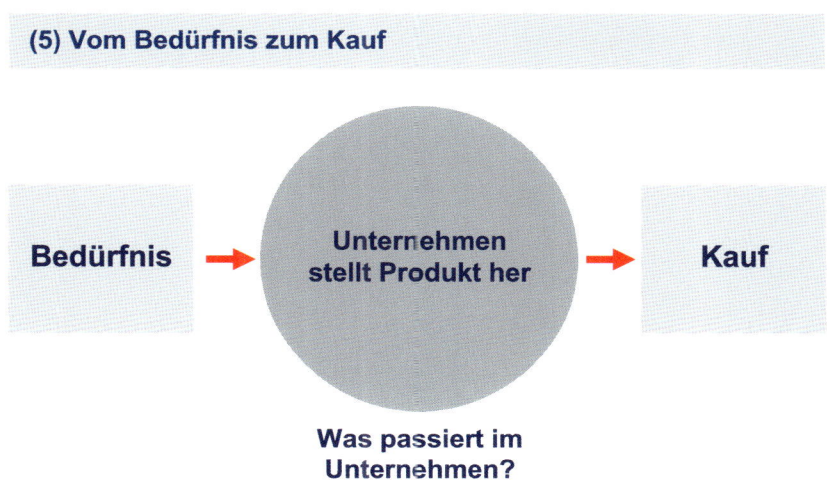

1.2   Betrieb und Produkt

1.2.1   Betrieb

Ein **Betrieb** ist eine Wirtschaftseinheit, die unter planvollem und zielgerichtetem Einsatz von Produktionsfaktoren, Produkte oder Dienstleistungen erstellt, die die Bedürfnisse von Menschen befriedigen sollen und diese im Markt absetzt. Ein Betrieb erfüllt diese Aufgabe mit dem wirtschaftlichen Ziel der Gewinnmaximierung oder mit sozialen Zielen des Gemeinwohls (Wöhe und Döring 2013).

Wirtschaften bedeutet in diesem Zusammenhang den sorgsamen Umgang mit den für die Leistungserstellung notwendigen Ressourcen (Wöhe und Döring 2013). In diesem Sinne wird das ökonomische Prinzip in das Maximal- und Minimal-Prinzip unterschieden (Achleitner und Thommen 2012). Bei gegebenem Input (z. B. Rohstoffe, Maschinenleistung, Arbeitskraft) den größtmöglichen Output (z. B. produzierte Produkte) zu erreichen, wird als **Maximal-Prinzip** bezeichnet. Dagegen versteht sich das **Minimal-Prinzip** als einen definierten Output mit dem geringsten Input zu erreichen.

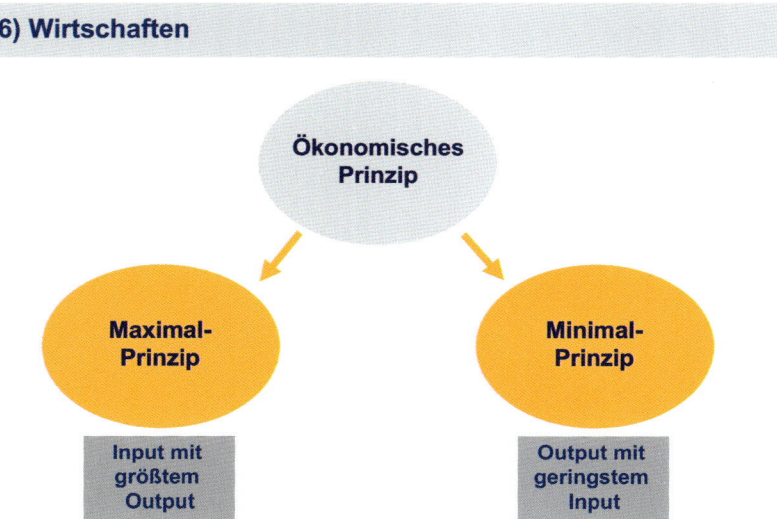

Das Verhalten eines Unternehmens im Markt kann unterschiedlich geprägt sein. Oft sind gerade produzierende Unternehmen **produktionsgetrieben**. Bei ihnen steht die Produktion an erster Stelle. Sie optimieren permanent ihre Maschinen und Produktionsprozesse. Ihre Prioritäten sind der Preis des Produktes, seine Lieferfähigkeit und die Produktionsauslastung. Vertrieb und Marketing sind quasi Mittel zum Zweck, die produzierten Produkte zu verkaufen. **Produktorientierte** Unternehmen legen höchsten Wert auf die Qualität und die Ausstattung des Produktes. Sie sind bestrebt, immer wieder Innovationen im Markt anzubieten. **Verkaufsorientierte** Unternehmen gehen davon aus, dass die Kunden permanente Schnäppchenjäger sind und Sonderangebote suchen. Häufig findet man dieses Verhalten in Zeiten von Überproduktionen (s. auch Käufermarkt). Kundenbeziehungen oder Kundenbindung spielen nur eine geringe Rolle (Achleitner und Thommen 2012). Ein **markt- oder marketingorientiertes** Unternehmen will Bedürfnisse beim Verbraucher erkennen und wecken. Es ist bestrebt, darüber einen **USP** (Unique Selling Proposition) im Markt zu erreichen und für sich Präferenzen beim Kunden zu schaffen.

(7) Absatz- oder Marketingorientierung

Ein Unternehmen unterliegt einer Vielzahl von Abhängigkeiten. Im Markt ist es abhängig von seinen Kunden und wird von den Wettbewerbern tangiert. Die Lieferanten, Kapitalgeber und Arbeitnehmer üben ebenfalls Einfluss auf das Unternehmen aus. Der Staat und seine Gesetze beeinflussen ein Unternehmen, ebenso wie die Umwelt, die Technologie, die konjunkturelle Situation und die Gesellschaft mit ihren Werten (Weber et al. 2014).

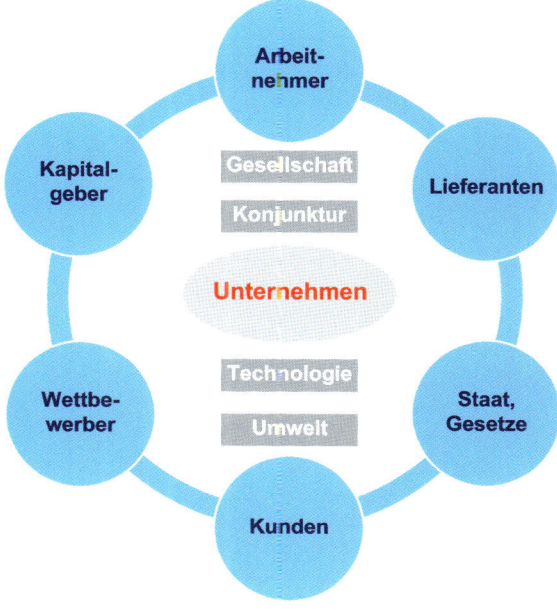

(8) Abhängigkeiten eines Unternehmens

Ein typischer Aufbau (Organigramm) eines Betriebes berücksichtigt die unterschiedlichen Funktionen und Aufgabenbereiche eines Unternehmens und beinhaltet z. B. die Funktionen: Forschung und Entwicklung, Produktion, Beschaffung/Einkauf, Finanzen, Personal und Marketing/Vertrieb.

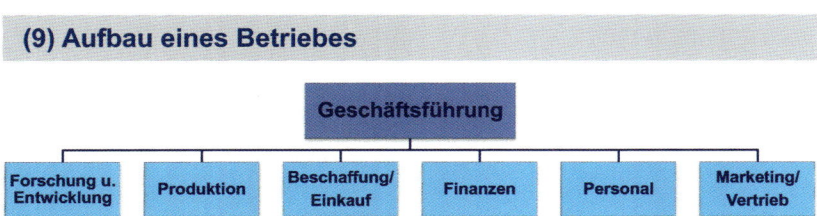

(9) Aufbau eines Betriebes

Betriebe können nach unterschiedlichen Kriterien eingeordnet werden.

- **Nach Wirtschaftszweigen:** u. a. Industriebetrieb, Handelsbetrieb, Bankbetrieb, Versicherungsbetrieb, Verkehrsbetrieb.
- **Nach Art der Leistung:** Sachleistungsbetrieb, Dienstleistungsbetrieb.
  Aber auch Kriterien wie Umsatzgröße, Mitarbeiterzahl, Art der Fertigung und Rechtsform sind Unterscheidungsmerkmale (Wöhe und Döring 2013).

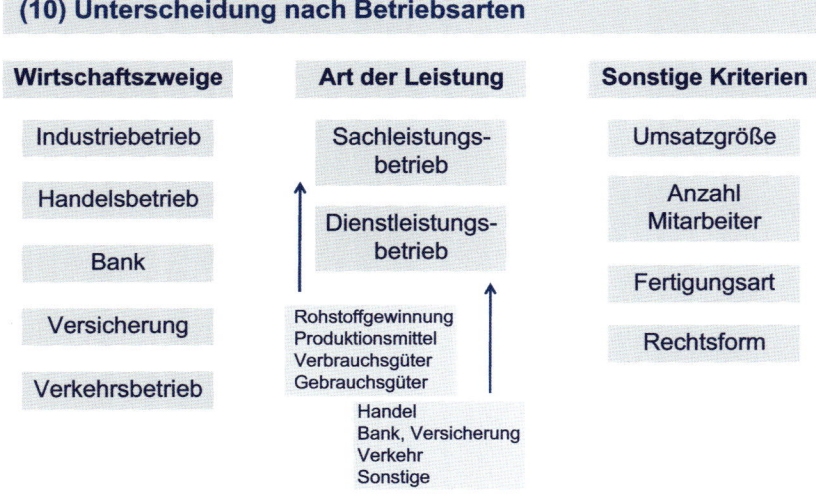

(10) Unterscheidung nach Betriebsarten

Unternehmen existieren in unterschiedlichen Wirtschaftssystemen, die abhängig vom jeweiligen Staat und deren Wirtschaftsordnungen und -verfassung sind. Grundlegende Unterschiede zeigen sich bei dem Eigentum des Unternehmens, der Entscheidungsbefugnis, der Preishoheit für die hergestellten Produkte und weiteren Kriterien. Die Zentralwirtschaft beruht auf der Systemidee des Sozialismus und die „freie" Marktwirtschaft auf dem Liberalismus der Wirtschaft. In der sozialen Marktwirtschaft greift der Staat in bestimmten Situationen durch Gesetze ein, um die soziale Gerechtigkeit zu gewährleisten (Vahs und Schäfer-Kunz 2015).

(11) Wirtschaftssysteme

	Zentralwirtschaft	Marktwirtschaft	Soziale Marktwirtschaft
Eigentum:	Staatseigentum	Privateigentum	Privateigentum
Entscheidung:	Zentral	Unternehmen	Unternehmen
Steuerung:	Vorgaben	Angebot/Nachfrage	Angebot/Nachfrage
Preise:	Vorgegeben	Flexibel	Flexibel
Information:	Staat	Unternehmen	Unternehmen
Planung:	Vorgaben	Individuell	Individuell
Staat:	Kontrolle	Kein Eingriff	Bedingte Eingriffe

1.2.2   Produkt

Eine Bedürfnisbefriedigung kann durch unterschiedliche Produktarten geschehen. Eine Produktart sind die physischen Produkte, wie z. B. Fernsehgeräte, Smartphones oder Pkws. Aber auch der Dienstleistungsbereich bietet Produkte, die zur Bedürfnisbefriedigung dienen, z. n. Reparaturservice, die Lieferung eines Produktes oder die unterschiedlichen Garantien und Gewährleistungen gehören dazu. Ebenso können ein Urlaubsangebot oder Freizeiteinrichtungen einer Stadt Bedürfnisse erfüllen. Sogar im politischen Wahlkampf wird der Kandidat zum Produkt (Kotler et al. 2011).

(12) Unterschiedliche Produktarten

Produkte erfüllen Bedürfnisse

Physische Produkte	Dienst-leistungen	Erlebnisse	Personen
TV Smartphone Auto Maschinen Rohstoffe Vormaterialien	Reparatur Lieferung Garantie Auftrags-produktion	Emotion Urlaub Park	Wahlkampf Vereine

Die Produkte, die ein Betrieb herstellt und vertreibt, können auch nach unterschiedlichen Kriterien wie Art der Nutzung, der Stufe im Produktionsprozess, dem Verwendungszweck und der physischen Substanz eingeordnet werden (Achleitner und Thommen 2012).

(13) Klassifikation von Wirtschaftsgütern

Art der Nutzung	Verbrauchsgüter	Schmierstoffe, Strom, Milch, Brot
	Gebrauchsgüter	Maschinen, Fahrzeuge, Smartphone
Stufe im Produktions-prozess	Inputgüter	Rohstoffe, Maschinen
	Outputgüter	Pkw, Lenkrad
Verwendungs-zweck	Produktionsgüter	Werkzeuge, Maschinen
	Konsumgüter	Schuhe, Nahrungsmittel
Physische Substanz	Materielle Güter	Möbel, Schuhe
	Immaterielle Güter	Lizenzen, Marke, Rechte

1.2.3   Betrieblicher Umsatzprozess

Ein Betrieb benötigt finanzielle Mittel, entweder aus eigener Herkunft oder über den Kapitalmarkt, um die für den Erstellungsprozess notwendigen Faktoren erwerben zu können (Vahs und Schäfer-Kunz 2015). Ein Betrieb wird an einem Standort durch Erwerb von Grund und Boden seine Gebäude (Verwaltung, Produktion) errichten. Es werden Rohstoffe und Vormaterialien benötigt, um mit den angeschafften Produktionsanlagen Produkte produzieren zu können. Die Produktionsanlagen müssen bedient werden, dafür werden menschliche Arbeitsleistung und Betriebsmittel (Strom, Öl etc.) benötigt. Die Kombination und der geplante Einsatz dieser Mittel erbringt ein Produkt, das auf dem Markt abgesetzt bzw. verkauft werden muss. Für den Verkauf eines Produktes an einen Kunden erzielt der Betrieb einen **Preis**. Der Preis multipliziert mit der abgesetzten Menge ergibt den **Umsatz** des Betriebes. Werden vom Umsatz die Kosten des Betriebes abgezogen, ergibt sich der Gewinn eines Betriebes, über deren Verwendung die Gesellschafter des Unternehmens entscheiden.

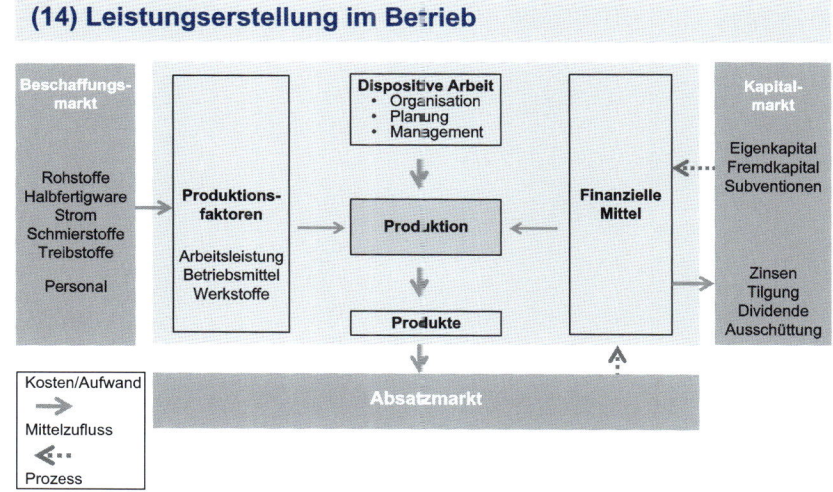

1.2.4   Make or Buy

Im Unternehmen wird ständig geprüft, ob bestimmte Produkte, Halbfertigprodukte oder auch Prozesse selbst produziert bzw. ausgeführt werden oder bei einem externen Lieferanten oder Hersteller eingekauft werden sollen. Beide Möglichkeiten weisen unterschiedliche Vor- und Nachteile auf, die jeweils gegeneinander abgewogen werden müssen (Vahs und Schäfer-Kunz 2015). Mit zunehmender Fertigungstiefe steigt die Komplexität der Leistungserstellung und die Fixkosten, auf der anderen Seite allerdings auch die Unabhängigkeit von externen Lieferanten und die Flexibilität.

Für einzelne Aufgaben oder Bereiche ist im Rahmen der Make-or-Buy-Entscheidung auch die Möglichkeit eines Outsourcings (Auslagerung von Aufgaben auf externe Dienstleister) zu prüfen.

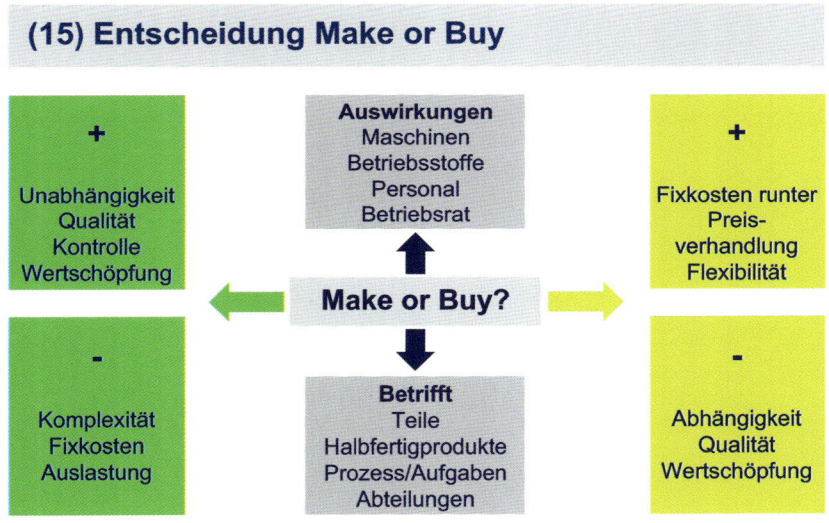

1.3   Ziele eines Betriebes

Ein Betrieb/Unternehmen kann unterschiedliche Ziele haben, die wertmäßig ausgedrückt werden können. In der Regel handeln Unternehmen nach wirtschaftlichen oder gesellschaftlichen Zielen. Allerdings ist die Zielsetzung abhängig vom jeweiligen Wirtschaftssystem eines Landes, in dem der Betrieb ansässig ist (Vahs und

Schäfer-Kunz 2015) und von den Shareholdern (Anteilseignern) und Stakeholdern (Anspruchsgruppen) eines Unternehmens (Weber et al. 2014). Gerade die Ziele der Share- und Stakeholder können durchaus unterschiedlich und gegensätzlich sein.

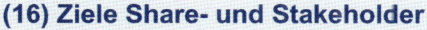

(16) Ziele Share- und Stakeholder

Zu den wirtschaftlichen Zielen zählen (Wöhe und Döring 2013):

▶ **Produktivität** $= \frac{\text{mengenmäßiger Output}}{\text{mengenmäßiger Input}}$

▶ **Wirtschaftlichkeit** $= \frac{\text{wertmäßiger Output (Ertrag)}}{\text{wertmäßiger Input (Aufwand)}}$

▶ **Gewinn** $=$ Ertrag – Aufwand

▶ **Rentabilität** $= \frac{\text{Gewinn}}{\text{Eigenkapital}}$

Anmerkung:

- Ertrag = Wert aller erbrachten Leistungen
- Aufwand = Wert aller verbrauchten Leistungen

Neben den wirtschaftlichen Zielen eines Unternehmens gibt es Marketingziele und gesellschaftliche Ziele, die in Einklang zu bringen sind.

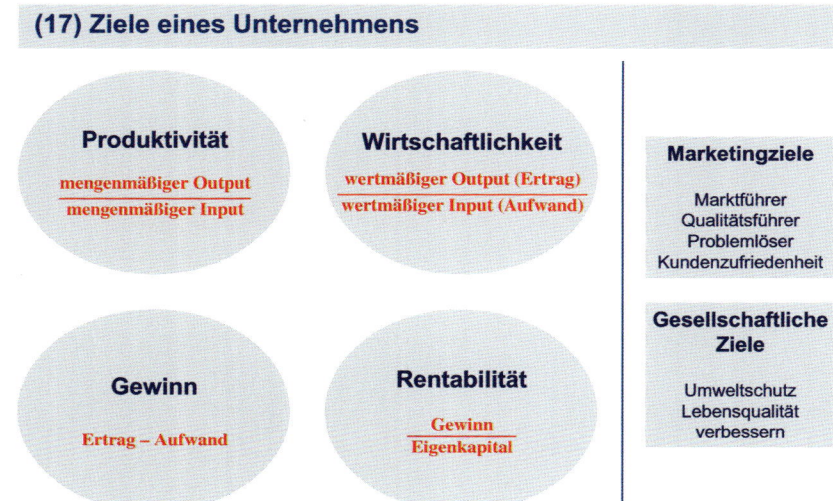

1.4   Wertesysteme

Unternehmen haben unterschiedliche Wertesysteme (Vahs und Schäfer-Kunz 2015), die sich durch die Unternehmensidentität (**Corporate Identity**, „Wer sind wir?"), das Erscheinungsbild (**Corporate Design**), die Unternehmenskultur (**Corporate Behaviour**) und die Öffentlichkeitsarbeit (**Corporate Communication**) beschreiben. Neben dem Wertesystem existieren bei vielen Unternehmen, speziell bei den größeren und börsennotierten Unternehmen, Unternehmensgrundsätze, die einen **Verhaltenskodex** für Mitarbeiter und Regeln für das Management definieren.

(18) Wertesysteme

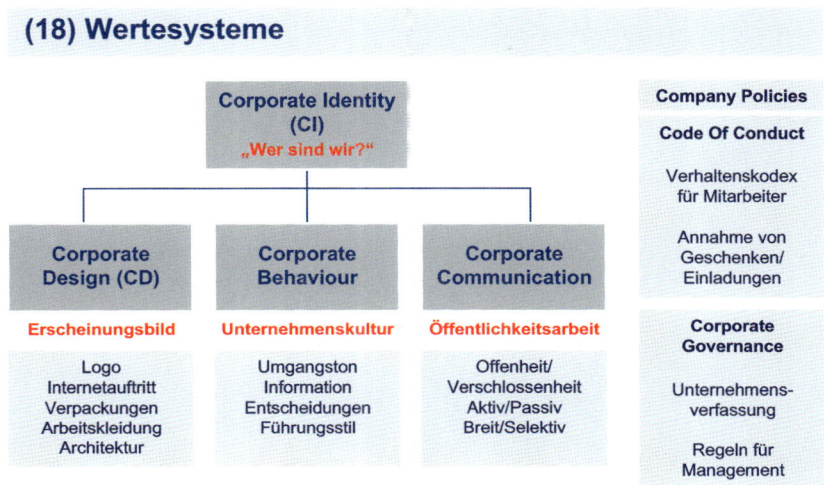

Corporate Identity (CI) „Wer sind wir?"			Company Policies
			Code Of Conduct
Corporate Design (CD)	**Corporate Behaviour**	**Corporate Communication**	Verhaltenskodex für Mitarbeiter
			Annahme von Geschenken/ Einladungen
Erscheinungsbild	Unternehmenskultur	Öffentlichkeitsarbeit	**Corporate Governance**
Logo Internetauftritt Verpackungen Arbeitskleidung Architektur	Umgangston Information Entscheidungen Führungsstil	Offenheit/ Verschlossenheit Aktiv/Passiv Breit/Selektiv	Unternehmens-verfassung Regeln für Management

1.5   Übungen zu Modell und Methoden der Betriebswirtschaftslehre

(19) Übung Ziele Produktivität

Basisdaten

10 kg Teig ergeben 1.000 Brötchen
1 kg Teig kostet 15,00 Euro
1 Brötchen kostet 0,15 Euro

Wie hoch ist die Produktivität?

Produktivität

mengenmäßiger Output
mengenmäßiger Input

Steigerung Produktivität um 10 %

= 110 Brötchen/kg Teig

(20) Übung Ziele Wirtschaftlichkeit

Basisdaten

10 kg Teig ergeben 1.000 Brötchen
1 kg Teig kostet 15,00 Euro
1 Brötchen kostet 0,15 Euro

Wie hoch ist die Wirtschaftlichkeit?

Wirtschaftlichkeit

$$\frac{\text{wertmäßiger Output (Ertrag)}}{\text{wertmäßiger Input (Aufwand)}}$$

**Steigerung Wirtschaftlichkeit um 10 %
= 1,1**

(21) Übung Gewinn/Rentabilität

Basisdaten

Sie sind Inhaber eines
Lebensmittelgeschäftes.

Eigenkapital = 100.000 Euro
Gewinn   = 20.000 Euro

Wie hoch ist die Rentabilität?

Überlegung

Angliederung Getränkemarkt.

Kosten = 100.000 Euro
Gewinn =   10.000 Euro
(Getränkemarkt)

Wie ändert sich der Gewinn?

Aber
Sie brauchen dafür einen
Partner (Gewinnteilung 50 %)

Wie ändert sich die Rentabilität?

Literatur

Achleitner A-K, Thommen J-P (2012) Allgemeine Betriebswirtschaftslehre, 7. Aufl. Springer Gabler, Wiesbaden

Kotler Ph, Armstrong G, Wong V, Saunders J (2011) Grundlagen des Marketing, 5. Aufl. Pearson, München

Vahs D, Schäfer-Kunz J (2015) Einführung in die Betriebswirtschaftslehre, 7. Aufl. Schäffer-Poeschel, Stuttgart

Weber W, Kabst R, Baum M (2014) Einführung in die Betriebswirtschaftslehre, 9. Aufl. Springer Gabler, Wiesbaden

Wöhe G, Döring U (2013) Einführung in die Allgemeine Betriebswirtschaftslehre, 25. Aufl. Vahlen, München

Produktion 2

> **Lernziele dieses Kapitels**
>
> - Bedeutung des Begriffs Produktion verstehen
> - Erkennen der unterschiedlichen Produktionsfaktoren
> - Verstehen von Produktions- und Kostentheorie
> - Inhalt unterschiedlicher Kostenbegriffe einordnen können
> - Verstehen und Berechnen der Break-even-Menge
> - Inhalt und Umfang der Produktionsplanung verstehen

2.1 Produktionsbegriff

Unter Produktion versteht man die **betriebliche Leistungserstellung durch die Kombination der Produktionsfaktoren** (Wöhe und Döring 2013). Die Produktion ist eine unternehmerische Funktion, die Entscheidungen zum Produktionsprogramm, zur produzierten Menge, zum Fertigungstyp und zum Fertigungsverfahren trifft. Oft wird der Begriff Produktion mit dem Begriff der Fertigung gleichgesetzt, im Sinne der Verarbeitung von Rohstoffen zu Halb- und Fertigfabrikaten (Achleitner und Thommen 2012).

Teilbereiche der Produktion sind die Beschaffung der Werkstoffe und notwendigen Halbfertigerzeugnisse, die Logistik innerhalb des Betriebes und die Logistik vom Vorlieferanten zum Betrieb, die Lagerhaltung und die Fertigung.

© Springer Fachmedien Wiesbaden GmbH 2017
G.-I. Spindler, *Basiswissen Allgemeine Betriebswirtschaftslehre,*
DOI 10.1007/978-3-658-18630-2_2

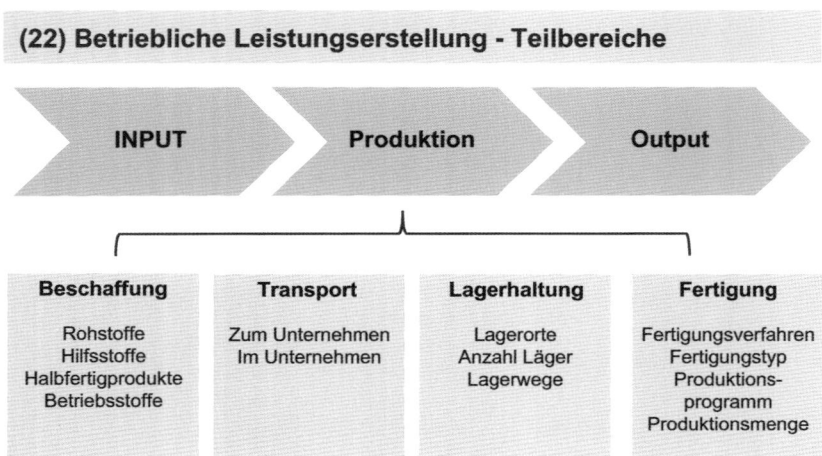

(22) Betriebliche Leistungserstellung - Teilbereiche

INPUT   Produktion   Output

Beschaffung	Transport	Lagerhaltung	Fertigung
Rohstoffe Hilfsstoffe Halbfertigprodukte Betriebsstoffe	Zum Unternehmen Im Unternehmen	Lagerorte Anzahl Läger Lagerwege	Fertigungsverfahren Fertigungstyp Produktions- programm Produktionsmenge

Bevor ein Unternehmen mit der betrieblichen Leistungserstellung oder Produktion beginnt, müssen bestimmte Entscheidungen getroffen werden.

- Festlegung des **Produktionsprogramms:** Soll das Absatzprogramm (zu verkaufende Produkte) dem Produktionsprogramm entsprechen oder sollen einige Produkte zugekauft werden (s. Abschn. 1.2.4 Make-or-Buy-Entscheidung). Möglich ist auch, dass nicht alle produzierten Produkte verkauft werden, sondern an Tochtergesellschaften abgegeben und verrechnet werden (Beispiel: Motorenproduktion innerhalb des VW-Konzerns).
- Die **Produktionsmenge** muss festgelegt werden.
- Der **Fertigungstyp** ist zu bestimmen. Sollen die Produkte in Einzel-, Serien-, Sorten- oder Massenfertigung hergestellt werden (Beispiel s. Schaubild 23).

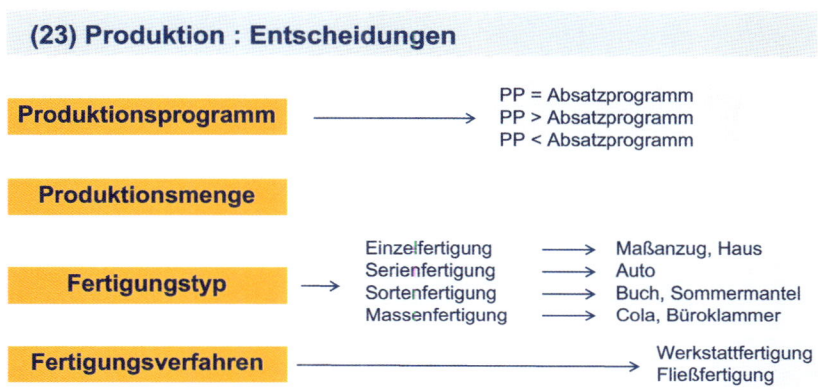

(23) Produktion : Entscheidungen

| Produktionsprogramm | $\longrightarrow$ | PP = Absatzprogramm
PP > Absatzprogramm
PP < Absatzprogramm |

Produktionsmenge

| Fertigungstyp | $\longrightarrow$ | Einzelfertigung $\longrightarrow$ Maßanzug, Haus
Serienfertigung $\longrightarrow$ Auto
Sortenfertigung $\longrightarrow$ Buch, Sommermantel
Massenfertigung $\longrightarrow$ Cola, Büroklammer |

| Fertigungsverfahren | $\longrightarrow$ | Werkstattfertigung
Fließfertigung |

- Das **Fertigungsverfahren** ist zu definieren. Erfolgt die Produktion nach dem Objektprinzip, werden die einzelnen notwendigen Arbeitsschritte nacheinander angeordnet. Dies wird als Fließfertigung bezeichnet. Beispiel: Fließband in der Autoproduktion. Erfolgt die Produktion nach dem Verrichtungsprinzip, orientiert sich also an den einzelnen notwendigen Arbeitsgängen (z. B. Lackiererei, Schlosserei), wird von einer Werkstattfertigung gesprochen. Die beiden Fertigungsverfahren unterscheiden sich u. a. in der notwendigen Qualifikation der Arbeitskräfte, damit in den Lohnkosten, den internen Transportkosten der zu produzierenden Güter, den notwendigen Investitionen und der Attraktivität des Arbeitsplatzes für die Arbeitnehmer. Bei der Fließfertigung sind die Kosten eines möglichen Stillstandes des Fließbandes zu beachten. Die beiden Fertigungsverfahren sind nicht für alle Produkte gleichermaßen geeignet. Die Gruppenfertigung stellt eine Kombination beider Fertigungsverfahren dar.

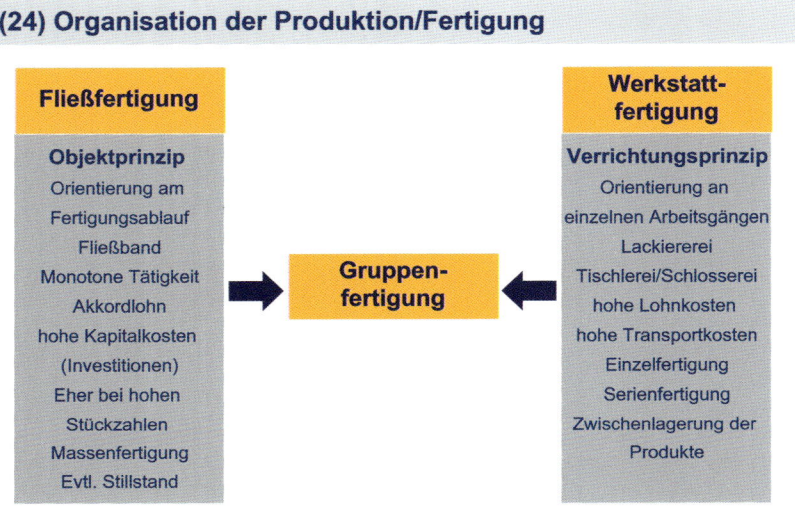

(24) Organisation der Produktion/Fertigung

2.2   Produktionsplanung

Die **Produktionsplanung** sorgt für einen reibungslosen Ablauf des Produktions-
prozesses (Wöhe und Döring 2013) und stellt die termingerechte und wirtschaftliche Produktion der notwendigen Produkte sicher. Geplant werden neben dem
Produktionsprogramm, dem Produktions- oder Fertigungsverfahren und der Fertigungstiefe (s. Abschn. 1.2.4 Make-or-Buy-Entscheidung):

- die Durchlaufzeiten für die einzelnen Produkte (Maschinennutzungszeiten),
  die Auslastung der Maschinen und die Rüstzeiten für den Einsatz der Maschinen,
- eine Just-in-time-Versorgung mit den Vormaterialien und Rohstoffen
  (benötigte Materialien stehen exakt zu dem Zeitpunkt der Produktion zur
  Verfügung, an dem sie eingesetzt werden) und die innerbetrieblichen Versor-
  gungswege,
- die damit verbundene Optimierung der Lagerhaltung,
- die Bereitstellung des notwendigen Personals und der Betriebsmittel
- und die termingerechte Produktion der Produkte.

Im Rahmen der Produktion und der Konstruktion von Produkten und Maschinen werden IT-gesteuerte Hilfsmittel eingesetzt, die heute bei komplexeren Unternehmen unerlässlich sind.

CAD-Systeme (Computer Aided Design = Anfertigung von Konstruktionszeichnungen) und CAM-Systeme (Computer Aided Manufacturing = Computersteuerung der Maschinen).

(25) Produktionsplanung

```
                        Produktionsplanung
        ┌──────────────┬──────────────┬──────────────┐
 Produktionsprogramm  Produktionsverfahren  Fertigungstiefe   Kapazitäten

                                                          Materialien
      Produkte        Einzelfertigung      Eigenproduktion    Personal
      Mengen          Massenfertigung      Zukauf          Betriebsmittel
                                           Outsourcing
                      Innerbetriebliche                    Abfallwirtschaft
                      Standortplanung

                                                    Durchlaufzeiten der
                                                       Maschinen
                                                  Auslastung der Maschinen
                                                  Just-in-time-Versorgung
                                                      Lagerhaltung
```

Schon bei der Planung eines Standortes für die Fertigung sind, neben den Maschinenstandorten und den Lagerstandorten, die innerbetriebliche Laufwege und Strecken zu berücksichtigen. Denken Sie an die Personal- und Transportkosten.

Zur Produktionsplanung gehört auch die Planung der Abfallwirtschaft (Entsorgung von Verpackungen und nicht mehr benötigten Materialien) (Wöhe und Döring 2013).

Bei der Produktionsplanung sind die **Deckungsbeiträge** (DB) der zu produzierenden Produkte eine wichtige Kennzahl. Der Deckungsbeitrag eines Produktes dient zur Deckung der Fixkosten im Unternehmen und errechnet sich wie folgt (s. Abschn. 2.5 Kostenbegriffe):

DB = Stückerlös – Kv (variable Stückkosten)
Gerade bei Kapazitätsengpässen in der Produktion, bei Personal oder Maschinen, liegt der Focus auf den Produkten mit dem höchsten Deckungsbeitrag.

Die notwendigen Schritte in der kurzfristigen Produktionsplanung lassen sich am Beispiel eines eingehenden Kundenauftrages darstellen (Achleitner und Thommen 2012):

Bei der kurzfristigen Produktionsplanung, z. B. für die Herstellung einer komplizierten Maschine, wird bei Auftragseingang geprüft, ob das bestellte Produkt am Lager ist oder nicht. Ist es am Lager, kann umgehend geliefert werden. Muss es erst produziert werden, wird vor der eigentlichen Produktion unter Umständen eine Stückliste (Aufstellung aller Teile des Produktes) erstellt, dann erfolgt die Planung der notwendigen Ressourcen (Personal, Materialien, Zeit und notwendige finanzielle Mittel). Nachdem das Produkt hergestellt ist, wird geprüft, ob die notwendigen Bedingungen eingehalten wurden und danach wird das Produkt geliefert.

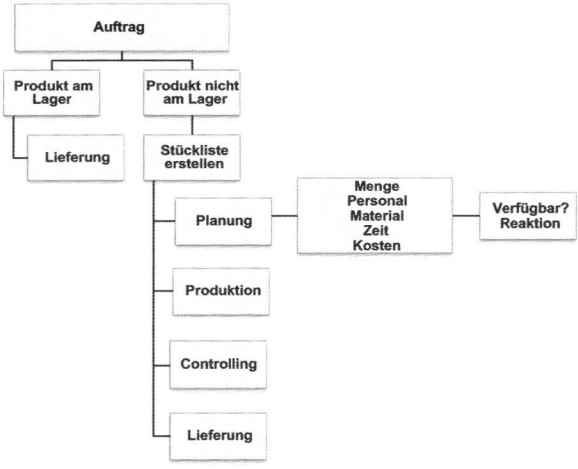

(26) Kurzfristige Produktionsplanung

2.3   Produktionsfaktoren

Als **Produktionsfaktoren** werden in der Betriebswirtschaftslehre alle Elemente bezeichnet, die zur Erstellung der Leistung eingesetzt und kombiniert werden.

Auch in der Volkswirtschaftslehre gibt es den Begriff der Produktionsfaktoren für Kapital, Boden, Arbeit und Wissen (Vahs und Schäfer-Kunz 2015).

In der Betriebswirtschaftslehre (Weber et al. 2014; Achleitner und Thommen 2012) werden die folgenden Produktionsfaktoren unterschieden:

- **Menschliche Arbeitsleistung:** Die Arbeitsbedingungen und das Arbeitsentgelt sind wichtige Faktoren.
- **Betriebsmittel:** z. B. Maschinen, Werkzeuge, Grundstücke, Gebäude. Wichtige Merkmale sind hier die Kapazität, die Lebensdauer, die Kosten und die Qualität.
- **Werkstoffe:** Rohstoffe (eingesetzte Grundmaterialien), Hilfsstoffe (Zusatzmaterialien), Halbfertigprodukte (Zukaufteile) und die Betriebsstoffe (Verbrauchsmaterialien wie Strom, Treibstoff, Schmiermittel, Reinigungsmittel).

Diese werden auch als **„Elementarfaktoren"** bezeichnet.

Zu den **„Dispositiven Faktoren"** zählen die dispositive Arbeit in Form der Betriebsführung und der Managementfunktionen. Weitere Faktoren sind die Information und das Wissen im Unternehmen.

(27) Produktionsfaktoren

Alle Elemente, die zur Leistungserstellung kombiniert werden

	Elementarfaktoren	Dispositive Faktoren
Arbeitsbedingungen Arbeitsentgelt	Menschliche Arbeitsleistung	Betriebsführung
Kapazität Lebensdauer Kosten Qualität	Betriebsmittel	Management-funktionen
Qualität Kosten Beschaffungs-möglichkeiten	Werkstoffe • Rohstoffe • Hilfsstoffe • Betriebsstoffe	Information Wissen

Einen Überblick über mögliche Werkstoffe bei der Produktion zeigt die folgende Abbildung:

(28) Werkstoffe

Rohstoffe	Hilfsstoffe	Halbfertig-produkte	Betriebsstoffe
Grundmaterial	Zusatzmaterial	Zukaufteile	Verbrauch
Stahl Kunststoff-granulat Chemische Zutaten Natürliche Zutaten	Schrauben Nägel Leim Farbe	Airbag Lenkrad Scheiben	Strom Öl Fett Wasser

Die betriebliche Leistungserstellung entsteht durch die geplante Kombination der Produktionsfaktoren. Die Produktions- und Kostentheorie soll die funktionalen Beziehungen und Abhängigkeiten hinsichtlich mengen- und wertmäßigem Einsatz an den Produktionsfaktoren und dem Output untersuchen und darstellen (Wöhe und Döring 2013).

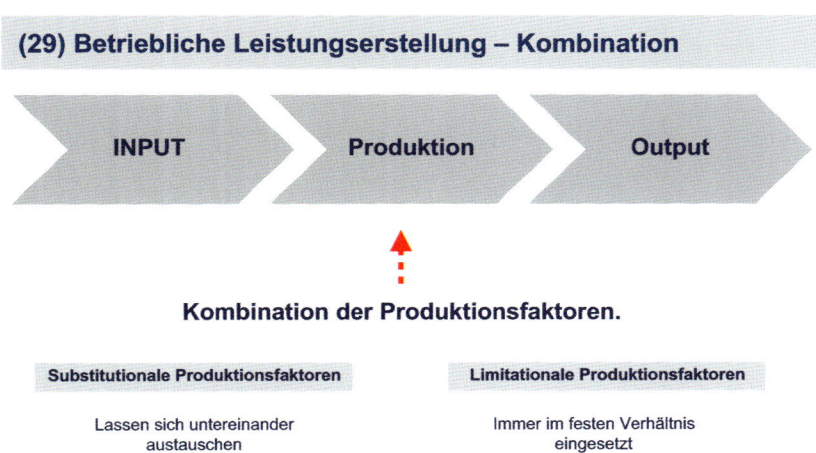

(29) Betriebliche Leistungserstellung – Kombination

INPUT → Produktion → Output

Kombination der Produktionsfaktoren.

Substitutionale Produktionsfaktoren	Limitationale Produktionsfaktoren
Lassen sich untereinander austauschen	Immer im festen Verhältnis eingesetzt
Kartoffelernte	Spargelernte

Unterschieden werden in diesem Zusammenhang **substitutionale Produktions-faktoren** und **limitationale Produktionsfaktoren** (Achleitner und Thommen 2012). Lassen sich Produktionsfaktoren untereinander austauschen und stehen nicht in einem festen Verhältnis zueinander, handelt es sich um substitutionale Produktionsfaktoren (z. B. können bei der Kartoffelernte Maschinen und mensch-liche Arbeitskraft eingesetzt werden). Als limitationale Produktionsfaktoren bezeichnet man solche, die in einem Produktionsprozess immer in einem gleichen Verhältnis zueinander stehen (z. B. können bei der Spargelernte keine Maschinen eingesetzt werden, da es sie bisher nicht gibt. Die Erntemenge wird durch die Anzahl der Arbeitskräfte bestimmt).

2.4 Produktions- und Kostentheorie

2.4.1 Produktionstheorie

Das Ziel der Produktionstheorie besteht darin, die funktionalen Zusammenhänge zwischen der Menge der eingesetzten Produktionsfaktoren und der Menge der damit hergestellten Produkte (Ausbringungsmenge) aufzuzeigen (Wöhe und Döring 2013). Die Produktionsfunktionen für substitutionale und limitationale Produktionsfaktoren sind unterschiedlich.

Produktionsfunktion bei substitutionalen Produktionsfaktoren
Gesucht wird die wirtschaftlichste Kombination der Einsatzfaktoren für die Pro-duktion von einer Einheit eines Produktes.

Im Beispiel ist die Produktion einer Einheit eines Produktes durch unter-schiedliche Kombinationen der Produktionsfaktoren F1 und F2 möglich (substi-tutionale Faktoren). Die Kombinationen F, G und E zeigen sich günstiger als die Kombinationen A, B, C und D. Die Faktorenkombination F ist z. B. mit nur fünf Einheiten von Faktor F2 zu produzieren. Kombination B benötigt dagegen sieben Einheiten von F2. Beide benötigen je eine Einheit von F1. Die Kombination F ist ergo ökonomischer als die Kombination B.

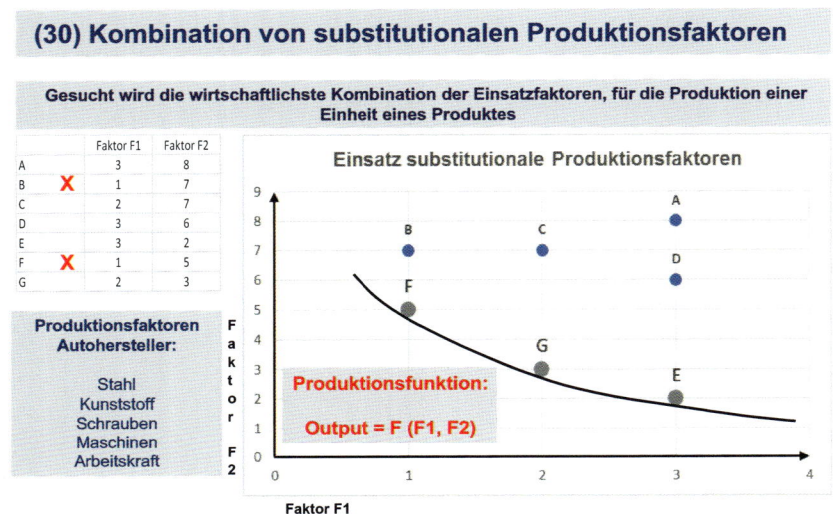

Die Produktionsfunktion des Beispiels lautet folgendermaßen (Achleitner und Thommen 2012):

Menge (Output) = f(F1, F2)
Die Isoquanten (Kurven) in der Schaubild 31 zeigen die Produktionsfunktion bei unterschiedlichen Produktionsmengen.

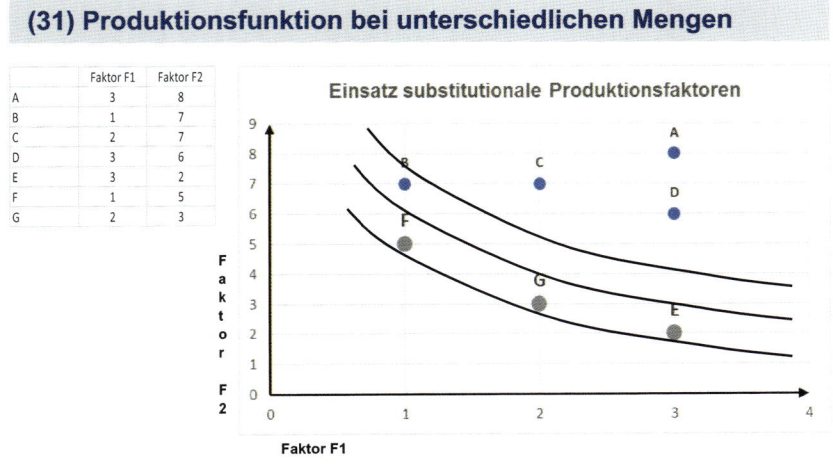

Produktionsfunktion bei limitationalen Produktionsfaktoren

Bei dem Einsatz von limitationalen Produktionsfaktoren ist ein festes Verhältnis der Produktionsfaktoren zueinander für die Herstellung eines Produktes vorgegeben. Ein anderes Verhältnis ist nicht möglich. In unserem Beispiel sind für eine definierte Produktionsmenge 2 Einheiten F1 und drei Einheiten F2 notwendig. Die Produktionsfunktion zeigt sich dann wie abgebildet:

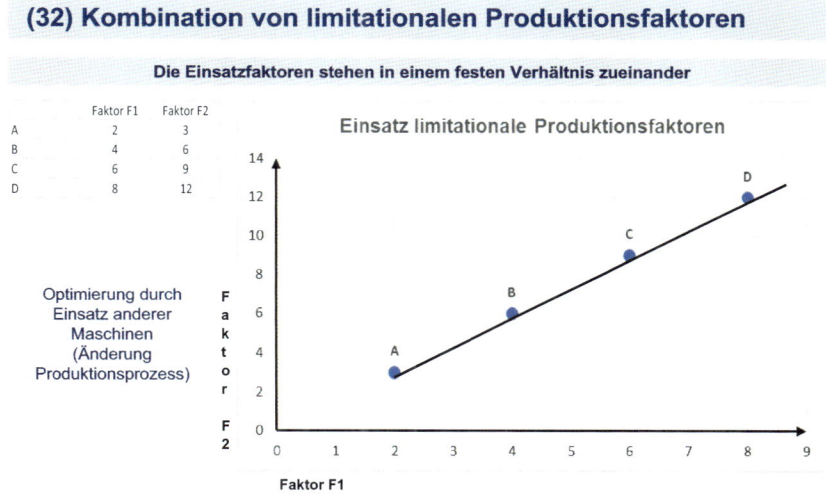

2.4.2   Kostentheorie und Kostenfunktion

Das Ziel der Kostentheorie besteht darin, die funktionalen Beziehungen zwischen der Ausbringungsmenge und den durch die Produktion entstandenen Kosten darzustellen (Wöhe und Döring 2013). Dabei werden die eingesetzten Produktionsfaktoren mit ihrem Preis (Kosten) bewertet.

Sind die Erlöse für ein Produkt gleich, unabhängig vom Einsatz der Produktionsfaktoren, entscheiden die Kosten über den Gewinn einer Produktionseinheit. In unserem Beispiel lautet die Kostenfunktion:

▶ **Kosten = Preis1 × F1 + Preis2 × F2**

Annahme: Bei einem vorgegebenen Kostenbudget könnte theoretisch das Budget nur für Produktionsfaktor F1 oder nur für Faktor F2 ausgegeben werden. Bei alternativen Kostenbudgets ergeben sich die abgebildeten Kostenisoquanten.

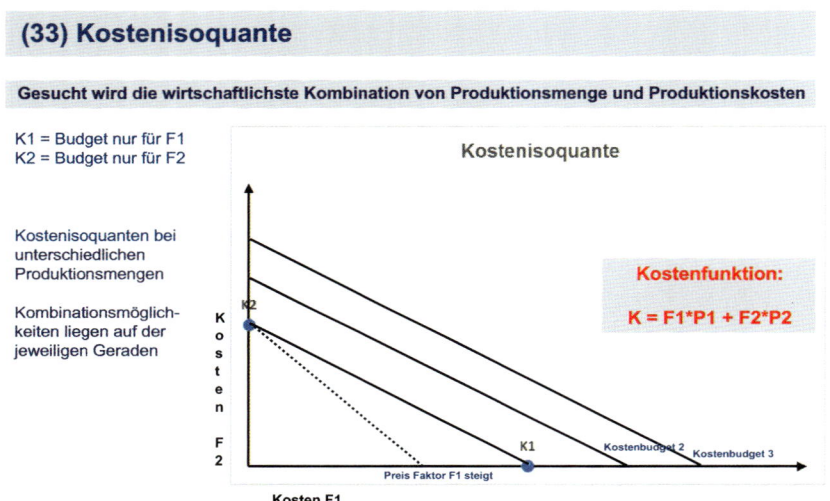

Das Kostenminimum bei einem vorgegebenen Kostenbudget ist dort erreicht, wo sich die maximale Menge produzieren lässt. Das ist dort der Fall, wo sich die Kostenisoquante mit der Mengenisoquante am höchsten Punkt schneidet. Im Beispiel ist das der Punkt X, mit den Mengen für die beiden Faktoren „Menge 2". Die Mengenisoquante „Menge 3" ist zu hoch und wird mit dem Kostenbudget nicht erreicht. Die „Menge 1" wird zwar von der Kostenisoquanten sogar zweimal geschnitten, aber die Menge 1 ist geringer als die Menge 2.

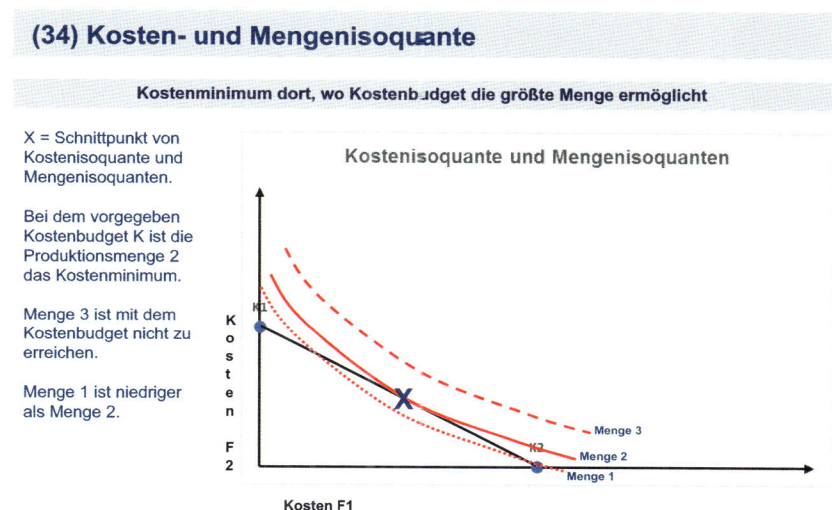

(34) Kosten- und Mengenisoquante

Kostenminimum dort, wo Kostenbudget die größte Menge ermöglicht

X = Schnittpunkt von Kostenisoquante und Mengenisoquanten.

Bei dem vorgegeben Kostenbudget K ist die Produktionsmenge 2 das Kostenminimum.

Menge 3 ist mit dem Kostenbudget nicht zu erreichen.

Menge 1 ist niedriger als Menge 2.

Kostenisoquante und Mengenisoquanten

Kosten F2

Kosten F1

Menge 3

Menge 2

Menge 1

2.5   Kostenbegriffe

Die Kosten werden wie folgt klassifiziert (Wöhe und Döring 2013):

*   **Variable Kosten** = Kv, Kosten, die abhängig von der Produktionsmenge entstehen.
*   **Fixe Kosten** = Kf, Kosten, die unabhängig von der Produktion einer Einheit entstehen.
    Gesamte Kosten (Kg) = Summe aus Kv + Kf.

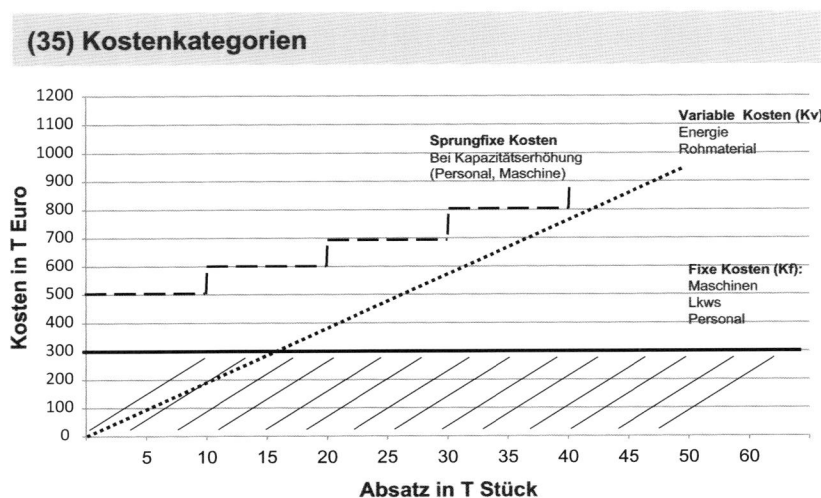

(35) Kostenkategorien

Es gibt variable Kosten, die sich nicht parallel mit der produzierten Menge verändern, da sie nicht pro Einheit entstehen, sondern quasi als Kostenblock, der nicht teilbar ist. Beispiel: Ein zusätzlicher Arbeitnehmer erhält monatlich seinen Lohn, selbst wenn die geplante Zielmenge durch ihn nicht erreicht wird. Solche Kosten werden als sprungfixe Kosten bezeichnet.

Im Beispiel betragen die Fixkosten 300.000 EUR und die variablen Kosten 10 EUR pro produzierter Einheit. Bei einer produzierten Menge von 30.000 Einheiten ergeben sich somit Gesamtkosten von 600.000 EUR, 300.000 EUR (Fixkosten) plus 300.000 EUR variable Kosten (30.000 × 10 EUR).

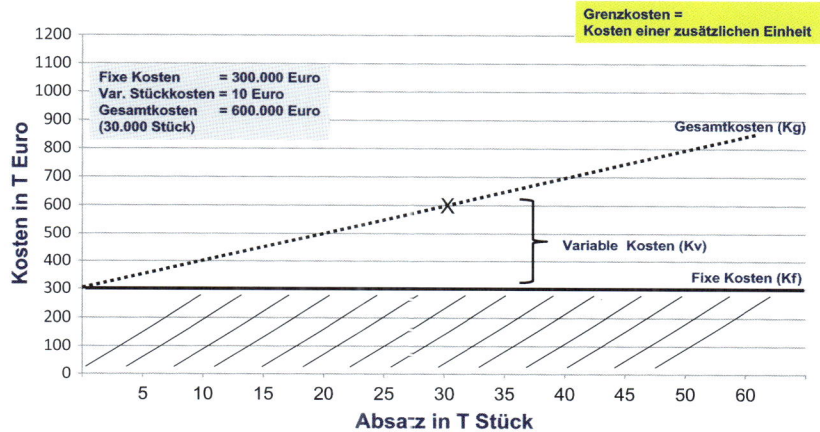

Unter **Grenzkosten** versteht man die Kosten, die durch die Produktion einer zusätzlichen Einheit entstehen. In der Praxis wird oft die Veränderung der variablen Kosten dazu herangezogen. Das Wissen um die Höhe der Grenzkosten eines Produktes ist z. B. bei der Entscheidung über die Annahme eines neuen Auftrages wichtig, denn zumindest sollten diese Kosten durch den Erlös gedeckt sein. Häufig werden im Vertrieb die Grenzkosten als Argument für niedrige Abgabepreise bei neuen Kunden verwendet. Die Gefahr einer Grenzkostenkalkulation liegt in der nicht vorhandenen Deckung der Fixkosten des Unternehmens.

2.6 Break-Even-Analyse

Die **Break-Even-Analyse** dient zur Ermittlung der Gewinnschwelle, dem Punkt, an dem Kosten und Erlös eines Produktes gleich sind (Vahs und Schäfer-Kunz 2015). An diesem Punkt bzw. dieser Absatzmenge entsteht noch kein Gewinn. Mit jeder weiteren produzierten und verkauften Einheit erwirtschaftet das Unternehmen nun Gewinn. Unterhalb dieser Menge erwirtschaftet das Unternehmen einen Verlust.

(37) Break-Even-Berechnung

Break-Even-Menge =

Fixkosten
Preis – variable Kosten

Im Beispiel werden auch die variablen Stückkosten (Strom, Material etc.) berücksichtigt, die nur durch die Produktion eines zusätzlichen Stücks entstehen. Die Break-Even-Menge liegt hier bei 30.000 Stück (300.000 EUR Fixkosten geteilt durch 10 EUR; 20 EUR Preis für ein Stück, minus 10 EUR variable Kosten für ein Stück). Auch Umsatz (Stückpreis mal Absatzmenge) und Kosten können in diesem Beispiel ermittelt werden.

(38) Break-Even-Analyse (Ermittlung der Gewinnschwelle)

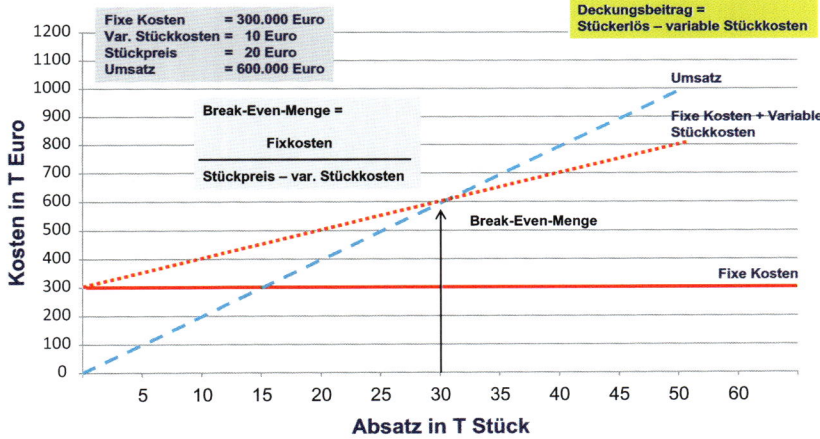

2.7   Übungen zu Produktion

(39) Übung Produktionsfaktoren

Zeichnen Sie die Produktionsfunktionen für die unterschiedlichen Mengenkombinationen.
Schritt 1: Markieren Sie die verschiedenen Kombinationspunkte
Schritt 2: Welche Faktorkombinationen entfallen
Schritt 3: Zeigen der Produktionsfunktionen für die drei Mengenkombinationen

	Faktor F1	Faktor F2	Menge
A	2	4	4
B	5	3	5
C	3	4	5
D	3	1	3
E	2	5	4
F	1	3	3
G	2	2	3
H	4	4	4
I	4	2	4
J	5	2	5
K	3	3	4
L	4	1	3

(40) Übung Grenzkosten

Warum kann ein Unternehmen seine Produkte nicht dauerhaft zu Grenzkosten verkaufen?

(41) Übung Break-Even-Menge

Bestimmen Sie die Break-Even-Menge

Fixkosten	Preis	variable Stückkosten	Break-Even-Menge
300.000	14,00	10,00	
300.000	18,00	10,00	
300.000	22,00	10,00	
500.000	3,00	0,50	

Literatur

Achleitner A-K, Thommen J-P (2012) Allgemeine Betriebswirtschaftslehre, 7. Aufl. Springer Gabler, Wiesbaden

Vahs D, Schäfer-Kunz J (2015) Einführung in die Betriebswirtschaftslehre, 7. Aufl. Schäffer-Poeschel, Stuttgart

Weber W, Kabst R, Baum M (2014) Einführung in die Betriebswirtschaftslehre, 9. Aufl. Springer Gabler, Wiesbaden

Wöhe G, Döring U (2013) Einführung in die Allgemeine Betriebswirtschaftslehre, 25. Aufl. Vahlen, München

Materialwirtschaft

3

▶ **Lernziele dieses Kapitels**

- Bedeutung der Materialwirtschaft erklären können
- Verstehen der einzelnen Bereiche der Materialwirtschaft
- Lagerstrategien differenziert betrachten
- Kennzahlen der Lagerhaltung verstehen und anwenden

3.1 Aufgabe der Materialwirtschaft

Ist das Produktionsprogramm definiert, müssen alle für die Produktion notwendigen Materialien, die direkt in den Produktionsprozess eingehen, beschafft und bereitgestellt werden (Weber et al. 2014). Beschaffung ist die bedarfsgerechte Versorgung mit den in der Leistungserstellung benötigten Gütern. Dazu zählen:

- **Rohstoff:** Alle Grundmaterialien, die zur Herstellung notwendig sind, z. B. Stahl in der Autoproduktion.
- **Hilfsstoffe:** Alle ergänzenden Materialien, wie z. B. Schrauben, Nägel etc.
- **Betriebsstoffe:** Sie sind nicht Bestandteil des Produktes, aber werden während der Fertigung verbraucht, z. B. Strom, Schmierstoffe.
- **Halbfertigprodukte:** Gehen als Teile in das Produkt ein, z. B. Reifen in der Autoproduktion.

Die Materialwirtschaft hat die Aufgabe, alle für die Produktion notwendigen Materialien mit minimalen Kosten zum richtigen Zeitpunkt zu beschaffen und dem Produktionsprozess zur Verfügung zu stellen (Wöhe und Döring 2013). Kurz:

© Springer Fachmedien Wiesbaden GmbH 2017
G.-I. Spindler, *Basiswissen Allgemeine Betriebswirtschaftslehre,*
DOI 10.1007/978-3-658-18630-2_3

- die richtigen Materialien,
- in geforderter Qualität,
- in benötigter Menge,
- zum richtigen Zeitpunkt,
- am richtigen Ort,
- mit geringsten Kosten

bereitzustellen.

Zu den Kosten gehören die Preise der Materialien, deren Lagerkosten im Betrieb und die Transportkosten. Damit ergeben sich die folgenden Inhaltsschwerpunkte (Achleitner und Thommen 2012):

- **Materialbedarfsermittlung:** Der Mengen- und Qualitätsbedarf für die unterschiedlichen Materialien wird ermittelt. Dabei sind die aktuellen Lagerbestände der Materialien und möglicher Schwund und Ausschuss zu berücksichtigen. Die optimale Bestellmenge und der optimale Bestellzeitpunkt der benötigten Materialien werden ebenfalls als Bestandteil der Planung ermittelt.
- **Lageroptimierung:** Eine wirtschaftliche Lagerhaltung der Materialien ist unter den Gesichtspunkten Kosten der Materialien, Lieferzeiten der Materialien, Kosten der Lagerhaltung und der notwendigen Transportwege und -zeiten zu gewährleisten.
- **Lieferantenauswahl:** Hinsichtlich der Preise und der definierten Qualität der notwendigen Materialien, sowie der Zuverlässigkeit der Lieferanten sind die geeigneten Lieferanten auszuwählen.
- **Transport:** Die optimalen Transportwege für die Materialien sind intern (vom Lagerort zur Produktion) und extern (vom Lieferanten zum Unternehmen) sicherzustellen. Die einzelnen Transportwege, -zeiten und -kosten sind dabei wichtige Kriterien. In vielen Fällen wird eine Just-in-time-Lieferung (s. Abschn. 2.2) bevorzugt, um die eigene Lagerkosten zu minimieren.

(42) Materialwirtschaft

Materialbedarfs-ermittlung	Lager-optimierung	Lieferanten-auswahl	Transport
Bedarf in der Produktion	Vorhaltung der Materialien	Wahl der richtigen Lieferanten	Sicherstellung optimaler Wege
Rohstoffe Hilfsstoffe Betriebsmittel Halbfertig-produkte Personal	Verfügbarkeit Transportwege Lagerbestand	Qualität Zuverlässigkeit Preis	Just in time Transportwege Kosten

3.2   Lagerstrategie

Für die Lagerhaltung von Materialien und hergestellten Produkten gibt es unterschiedliche Strategien und Vorgehensweisen.

Eine ABC-Analyse (Heinemeier et al. 2011) der benötigten Materialien unterstützt die Bedarfsplanung. Dabei werden die unterschiedlichen Materialien nach Wertigkeit (Kapitalbindung) und Verbrauch in drei Klassen eingeteilt:

- **A-Güter** sind die Materialien, die einen hohen Warenwert (70–80 % des Wertes aller Materialien), aber nur einen geringen mengenmäßigen Verbrauch aller Materialien (10–20 %) aufweisen.
  B-Güter mit ca. 10–20 % Wertanteil und 20–30 % Mengenanteil.
  C-Güter mit 5–10 % Wertanteil und 50–70 % Mengenanteil.

Die gesetzten Prozentsätze können variieren. Die A-Güter werden aufgrund ihres hohen Wertanteils hinsichtlich Lieferant (Preis), Bestellmenge, Lagerumschlag sehr detailliert geplant. Die C-Güter dagegen werden nur grob geplant. Der Lagerbestand bzw. Sicherheitsbestand wird höher festgelegt, da diese Materialien oft gebraucht werden und weniger Kapital binden.

(43) ABC-Analyse

A-Güter	B-Güter	C-Güter
Hoher Warenwert		Niedriger Warenwert
70 %-80 % Werteanteil	10 %-20 % Werteanteil	5 %-10 % Werteanteil
10 %-20 % Mengenanteil	20 %-30 % Mengenanteil	60 %-70 % Mengenanteil

Detailplanung		**Grobplanung**
Lieferant		Oft benötigt
Menge		Höherer
Umschlag		Sicherheitsbestand

In der Materialwirtschaft ist ebenso der Verbrauchsverlauf der Materialien inner-halb einer Periode bedeutsam. Es gibt Materialien, die regelmäßig in gleichen Mengen gebraucht werden und solche deren Verbrauch volatil (schwankend) ist.

(44) Verbrauchsverlauf von Materialien

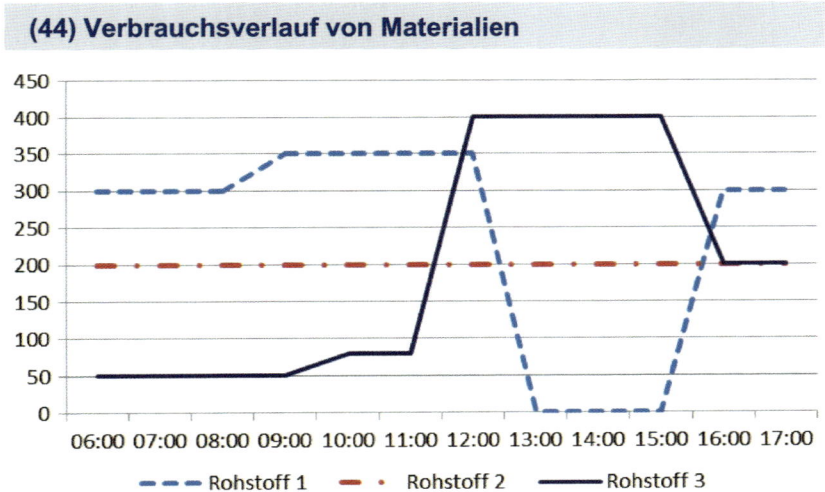

Folgende Lagerstrategien, auch für die hergestellten Güter, werden unterschieden (Weber et al. 2014):

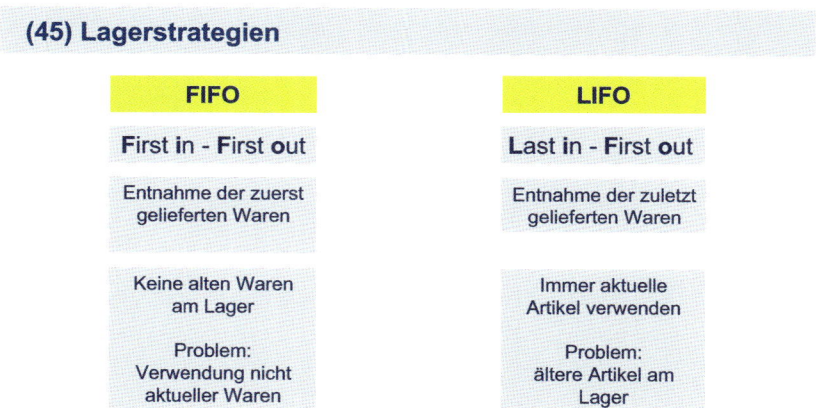

- Die **FIFO-Methode** ist vergleichbar mit einem Silo für Schüttgüter. Ein Silo wird oben befüllt und unten entnommen. Wird die FIFO-Methode verwendet, besteht die Gefahr nicht mehr, aktuelle Materialien für die Produktion zu verwenden. Auch bei produzierten Gütern besteht die Gefahr, dass die Produkte, die zuerst produziert wurden, aber noch am Lager sind, beim Verkauf z. B. technisch nicht der aktuellen Produktion entsprechen. Vorteil dieser Methode ist, dass keine alten Materialien oder Produkte am Lager sind. Die FIFO-Methode ist für schnell und häufig verwendete Materialien geeignet, die schnell veralten oder verderben.
- Die **LIFO-Methode** ist vergleichbar mit einer Halde, bei der oben nachgefüllt und oben entnommen wird. Bei der LIFO-Methode werden immer die letzten gelieferten Materialien verwendet oder produzierten Produkte verkauft. Allerdings baut sich damit der Bestand an älteren Materialien und Produkten auf. Sie ist geeignet für nicht schnell verderbende oder veraltende Materialien.

Die verwendete Methode hat auch Einfluss auf die Bewertung der Lagerbestände in der Bilanz (Wöhe und Döring 2013).

3.3   Lagerkennzahlen

Aufgrund der Kapitalbindung und der Verfügbarkeit der Materialien bzw. Lieferfähigkeit von hergestellten Produkten hat die Steuerung der Lagerbestände eine
große Bedeutung. Für die Steuerung der Lagerhaltung werden bestimmte Kennzahlen verwendet (Vahs und Schäfer-Kunz 2015):

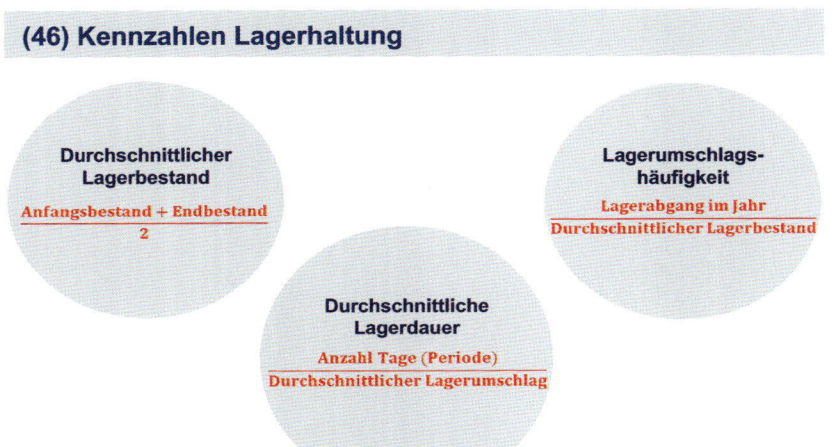

Der Lagerbestand und die Lagerdauer sollten möglichst niedrig, die Umschlags-
häufigkeit möglichst hoch gehalten werden, da sich damit die Kapitalbindung
reduziert.

3.4   Übungen zu Materialwirtschaft

(47) Übung Lagerkennzahlen

**Berechnen Sie die Lagerkennzahlen
mit den angegebenen Basisdaten:**

Basisdaten:
Anfangsbestand: 500
Endbestand: 300
Lagerabgang: 1.000

**Durchschnittlicher
Lagerbestand**

$$\frac{\text{Anfangsbestand} + \text{Endbestand}}{2}$$

**Lagerumschlags-
häufigkeit**

$$\frac{\text{Lagerabgang im Jahr}}{\text{Durchschnittlicher Lagerbestand}}$$

**Durchschnittliche
Lagerdauer**

$$\frac{\text{Anzahl Tage (Periode)}}{\text{Durchschnittlicher Lagerumschlag}}$$

(48) Übung Materialwirtschaft

Papierbetrieb

Aufträge liegen vor:
4.000 m³ für Produktion Bücher
2.500 m³ für Produktion Prospekte

Holzlieferant A:
2.000 m³ Holz für 80%/20% (Bücher/Prospekte)

Holzlieferant B:
4.000 m³ Holz für 40%/60% (Bücher/Prospekte)

**Reicht das Material für die
vorliegenden Aufträge aus?**

**Wieviel m³ von Lieferant A werden
zusätzlich benötigt?**

Literatur

Achleitner A-K, Thommen J-P (2012) Allgemeine Betriebswirtschaftslehre, 7. Aufl. Springer Gabler, Wiesbaden

Heinemeier H, Hermsen J, Limpke P, Jecht H (2011) Groß im Handel, 4. Aufl. Winkler, Braunschweig

Vahs D, Schäfer-Kunz J (2015) Einführung in die Betriebswirtschaftslehre, 7. Aufl. Schäffer-Poeschel, Stuttgart

Weber W, Kabst R, Baum M (2014) Einführung in die Betriebswirtschaftslehre, 9. Aufl. Springer Gabler, Wiesbaden

Wöhe G, Döring U (2013) Einführung in die Allgemeine Betriebswirtschaftslehre, 25. Aufl. Vahlen, München

Betriebliches Rechnungswesen

4

> **Lernziele dieses Kapitels**
>
> - Kennenlernen und Umgang mit den Grundbegriffen im betrieblichen Rechnungswesen
> - Verstehen, Lesen und Interpretieren einer Bilanz
> - Umgang mit Bestands- und Erfolgskonten
> - Zusammenhang zwischen Bilanz und Gewinn- und Verlustrechnung verstehen
> - Einblick in die gesetzlichen Grundlagen des Rechnungswesen
> - Anwendung von Kennzahlen zur Bilanzanalyse
> - Inhalte der Kosten- und Leistungsrechnung verstehen
> - Anwendung einer Kalkulation

4.1 Grundbegriffe

Das betriebliche Rechnungswesen (ReWe) hat die Aufgabe der mengen- und wertmäßigen Erfassung, Verarbeitung, Offenlegung und Kontrolle aller Vorgänge im Unternehmen, die mit der betrieblichen Leistungserstellung zusammenhängen (Achleitner und Thommen 2012). Damit ist auch die Speicherung aller quantitativen Daten im Unternehmen gemeint.

Abhängig vom Adressaten der Informationsaufbereitung unterscheidet man das interne und das externe Rechnungswesen (Wöhe und Döring 2013) Rechnungswesen. Vereinfacht ausgedrückt beschäftigt sich das **interne Rechnungswesen** mit der Kosten- und Erlösrechnung für das Management und das **externe Rechnungswesen** mit der Finanzbuchhaltung und dem Jahresabschluss in Richtung Aktionäre, Gläubiger und Finanzbehörden.

© Springer Fachmedien Wiesbaden GmbH 2017
G.-I. Spindler, *Basiswissen Allgemeine Betriebswirtschaftslehre,*
DOI 10.1007/978-3-658-18630-2_4

(49) Betriebliches Rechnungswesen

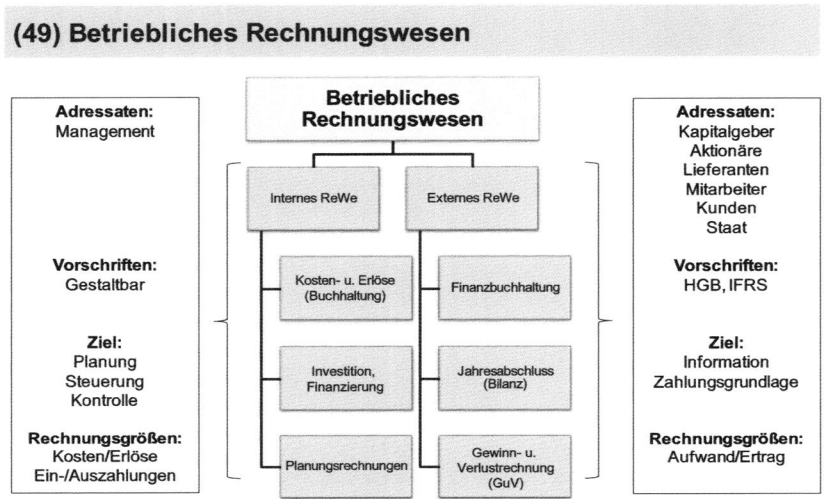

Speziell für das externe ReWe gibt es gesetzlich verankerte Regelungen durch das HGB (Handelsgesetzbuch) und durch die IFRS (International Financial Reporting Standards) (Achleitner und Thommen 2012).

Die verschiedenen Adressaten – speziell im externen Rechnungswesen – haben unterschiedliche Informationsbedürfnisse. Im internen Rechnungswesen benötigt das Management zur Steuerung und Planung der Unternehmensentwicklung die Informationen über die Kosten und Erlöse. Auf die Kostenarten, -stellen und -träger wird später noch eingegangen.

(50) Informationsbedarf Rechnungswesen

Externes Rechnungswesen

Kapitalgeber	Aktionäre	Lieferanten	Mitarbeiter	Kunden	Staat
Rendite	Rendite	Zahlungen in Zukunft sicher?	Sicherheit Arbeitsplatz	Ersatzteile	Steuer
Risiko	Risiko			Garantie	Abgaben
			Einkommen/		
Zukunft	Kauf/Verkauf Anteile		Pensionen sicher?	Service	
Zinsen/ Tilgung sicher?			Entwick- lungsmög- lichkeiten		

Internes Rechnungswesen

Kosten und Erlöse	Planung und Steuerung
Kostenarten	Produktion
Kostenstellen	Absatz
Kostenträger	Investition/Finanzen

Im betrieblichen Rechnungswesen werden verschiedene Begriffe, die Vermögens-änderungen bewirken, unterschieden (Vahs und Schäfer-Kunz 2015; Achleitner und Thommen 2012; Wöhe und Döring 2013). Im externen Rechnungswesen sind dies:

- **Einzahlungen/Auszahlungen:** Geldflüsse, die zu einer Veränderung des Zah-lungsmittelbestandes bzw. der liquiden Mittel (Kassenbestand, Bankguthaben) führen.
- **Einnahmen/Ausgaben:** beziehen zusätzlich Forderungen (Kunde zahlt Rech-nung nicht sofort) und Verbindlichkeiten (Unternehmen zahlt Rechnung nicht sofort) ein. Sie verändern das Geldvermögen eines Unternehmens.
- **Aufwand/Ertrag:** beziehen sich darüber hinaus auf alle erfolgswirksamen Wertezuflüsse und Werteverzehre im Unternehmen in Bezug auf Geld- und Sachvermögen.

Im internen Rechnungswesen:

- **Erlöse/Kosten:** Erlöse sind der Wert der im Unternehmen erbrachten Leistun-gen. Kosten sind der bewertete Werteverzehr im Rahmen der Leistungserstel-lung (Wertzuwachs, Wertverminderung).

(51) Grundbegriffe im ReWe (1)

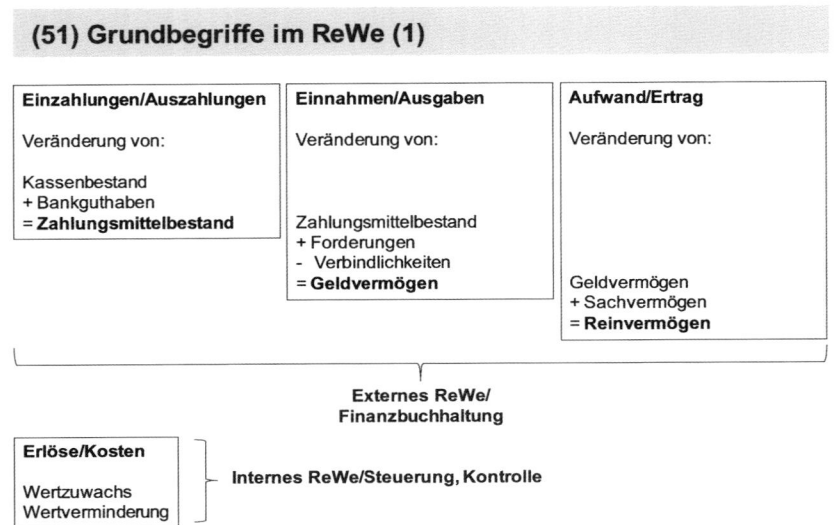

Einzahlungen/Auszahlungen	Einnahmen/Ausgaben	Aufwand/Ertrag
Veränderung von:	Veränderung von:	Veränderung von:
Kassenbestand + Bankguthaben = **Zahlungsmittelbestand**	Zahlungsmittelbestand + Forderungen - Verbindlichkeiten = **Geldvermögen**	Geldvermögen + Sachvermögen = **Reinvermögen**

Externes ReWe/
Finanzbuchhaltung

Erlöse/Kosten

Wertzuwachs
Wertverminderung

— Internes ReWe/Steuerung, Kontrolle

Bei Aufwand und Ertrag wird differenziert, ob die Werteveränderungen das Kerngeschäft (eigentliche unternehmerische Tätigkeit) des Unternehmens (ordentlicher Aufwand/Ertrag) betreffen oder nicht betreffen (neutraler oder außerordentlicher Aufwand/Ertrag).

(52) Grundbegriffe im ReWe (2)

Ordentlicher Aufwand/Ertrag:

* Kerngeschäft

Neutraler (außerordentlicher) Aufwand/Ertrag:

* Betriebsfremd   Spekulationsverlust

* Zufallsbedingt   Feuerschaden

* Periodenfremd   Steuernachzahlung

* Außerordentlich (Betriebszweck)   Zahlungsausfall Großkunde

Im internen Rechnungswesen gibt es innerhalb der Kosten den Begriff der **kalku-latorischen Kosten**, die sich von den sogenannten Grundkosten unterscheiden. Die kalkulatorischen Kosten beruhen nicht auf Auszahlungen, aber auf entgangenen Erträgen (Wöhe und Döring 2013) und werden zur Beurteilung der Wirtschaftlichkeit berücksichtigt.

---

(53) Grundbegriffe im ReWe (3)

Kalkulatorische Kosten:

- Entstehen durch Bewertungsunterschiede im internen und externen Rechnungswesen

- Bewertungsunterschiede durch Vorschriften

- Werden im internen Rechnungswesen gezeigt

Kalk. Mieten

Kalk. Unternehmerlohn

Kalk. Eigenkapitalzinsen

Jedes Unternehmen muss für die Bilanz eine Bestandsaufnahme seines Vermögens und seiner Schulden erstellen (Heinemeier et al. 2011). Diese Bestandsaufnahme wird als **Inventur** bezeichnet.

---

(54) Inventur

§ 240 HGB (Handelsgesetzbuch):

Jeder Kaufmann muss

- **beim Beginn seines Gewerbes**

- **zum Schluss eines Geschäftsjahres**

Vermögen und Schulden genau verzeichnen.

Körperliche Inventur
- Wiegen
- Messen
- Zählen
- Schätzen

Buchmäßige Inventur
- Belege
- Kontoauszüge
- Rechnungen

Die körperliche und buchmäßige Bestandsaufnahme nach Art, Menge und Wert nennt man Inventur.

4.2   Finanzbuchhaltung

In der Finanzbuchhaltung werden alle Geschäftsvorfälle chronologisch dokumentiert, die sich auf das Vermögen, das Kapital und den Erfolg des Unternehmens auswirken (Wöhe und Döring 2013). Damit sind einerseits die Bestände und deren Veränderung an Gebäuden, Maschinen, Materialien, Forderungen gegenüber Anderen und liquiden Mitteln gemeint und andererseits die Verpflichtungen des Unternehmens. Daraus wird der Unternehmenserfolg ermittelt.

(55) Finanzbuchhaltung

Chronologische Dokumentation

aller Geschäftsvorfälle,

die sich auf:

- **das Vermögen**
- **das Kapital**
- **den Erfolg**

des Unternehmens auswirken.

Haben
Bestände und Veränderung an:

Materialien

Fertigprodukten

Gebäuden

Maschinen

Forderungen ggü. Anderen

liquiden Mittel

Soll
Verpflichtungen des Unternehmens

Erfolg des Unternehmens

Das **Vermögen** ist das in Geld bewertete Sachvermögen des Unternehmens, das **Kapital** ist die Finanzierungsquelle des vorhandenen Vermögens (Achleitner und Thommen 2012).

Das Vermögen (Wöhe und Döring 2013) gliedert sich in das Anlagevermögen und das Umlaufvermögen.

- Zum **Anlagevermögen** zählen alle Gegenstände, die langfristig im Unternehmen gebunden sind und die Grundvoraussetzung für die betriebliche Leistungserstellung sind, z. B. Maschinen und Grundstücke.
- Zum **Umlaufvermögen** gehören die flüssigen Mittel (Kasse, Bankkonten) und die Vermögensgegenstände, die zu flüssigen Mittel werden sollen (Vorräte, Forderungen). Sie „laufen" im Unternehmen um, verändern sich und bleiben nicht dauerhaft im Unternehmen.

Das **Kapital** (Vahs und Schäfer-Kunz 2015) eines Unternehmens gliedert sich in das

- **Eigenkapital**, das von den Eignern des Unternehmens selbst eingebracht wird und
- in das **Fremdkapital,** das dem Unternehmen von seinen Gläubigern befristet zur Verfügung gestellt wird. Dies können z. B. Darlehen bei Banken oder Verbindlichkeit bei den Lieferanten sein, also die Schulden oder Zahlungsverpflichtungen eines Unternehmens.
- **Rückstellungen** (s. Schaubild 56) stellen ebenfalls Schulden dar, die allerdings hinsichtlich ihres Eintretens und ihrer Höhe noch nicht sicher sind (Achleitner und Thommen 2012).

(56) Rückstellungen

Rückstellungen sind Verbindlichkeiten, Verluste oder Aufwendungen, die hinsichtlich ihres Eintretens oder ihrer Höhe noch unsicher sind.

Die später zu leistenden Ausgaben sollen den Perioden ihrer Verursachung zugerechnet werden.

Pensionsrückstellungen

Prozesskosten

Steuerrückstellungen

Garantieverpflichtungen

Schwebende Geschäfte

Rückstellungen sind aufzulösen, sobald der Grund ihrer Bildung entfallen ist.

- **Rücklagen** (Wöhe und Döring 2013) werden z. B. gebildet, um unerwartete Verluste auszugleichen und gehören zum Eigenkapital.

(57) Rücklagen

Rücklagen werden gebildet, um unerwartete Verluste auszugleichen oder die Kapitalbasis zu stärken.

Gewinnrücklage

Rücklagen für Dividende

Rücklagen gehören zum Eigenkapital.

Kapitalrücklage

Währungsrücklagen

Offene Rücklagen.

Stille Rücklagen (durch Unterbewertung oder Nichtaktivierung von Aktiva).

Da sich Kapital immer in Vermögen wandelt und damit zu allen Sachwerten eines Unternehmens eine Finanzierungsquelle gehört, haben Vermögen und Kapital eines Unternehmens immer die gleiche wertmäßige Höhe (s. auch Abschn. 4.3.1).

(58) Finanzbuchhaltung – Gleichgewicht

Vermögen	Kapital
Alle in Geld bewerteten Sachwerte des Unternehmens	Finanzierungsquelle des vorhandenen Vermögens

Anlagevermögen (AV)	Zu allen Sachwerten gehört eine Finanzierungsquelle.	Eigenkapital (EK)
Langfristig im Unternehmen gebunden. Grundvoraussetzung für betriebliche Leistungserstellung.		Vom Unternehmer bzw. von Gesellschafter selbst eingebrachte Kapital.

Umlaufvermögen (UV)	Kapital wandelt sich immer in Vermögen	Fremdkapital (FK)
„Laufen" im Unternehmen um. Verändern sich. Zweck: Veräußerung		Alle Schulden eines Unternehmens.

4.2.1 Bestandskonten und Erfolgskonten

Jeder Geschäftsfall ändert die Bilanz. Die Bilanz müsste daher mit jedem Geschäftsfall neu erstellt werden. Aus diesem Grund wird die Bilanz in **Bestandskonten** aufgelöst und für jede Bilanzposition ein separates Bestandskonto eröffnet. Die Verbuchung der Geschäftsvorfälle eines Unternehmens erfolgt im laufenden Geschäftsjahr auf Bestands- und Erfolgskonten (Achleitner und Thommen 2012).

Ein Konto umfasst einen eindeutig definierten Inhalt oder Geschäftsvorgang (Vahs und Schäfer-Kunz 2015). Für die unterschiedlichen Bilanzpositionen werden die Konten in sogenannte Kontenklassen oder Gruppen zusammengefasst. Für unterschiedliche Branchen (Industrie, Handel etc.) werden speziell abgestimmte Kontenrahmen erstellt und jedes Unternehmen entwickelt daraus seinen eigenen Kontenplan (Heinemeier et al. 2011). Konten werden auch als T-Konten bezeichnet, da die Trennung zwischen Soll und Haben analog einem T aufgebaut ist. Das Grundprinzip der **Doppelten Buchführung** liegt in der doppelten Ausführung der Buchung: Jeder Soll-Buchung steht eine Haben-Buchung auf einem anderen Konto in gleicher Höhe gegenüber.

(59) Konto - Aufbau

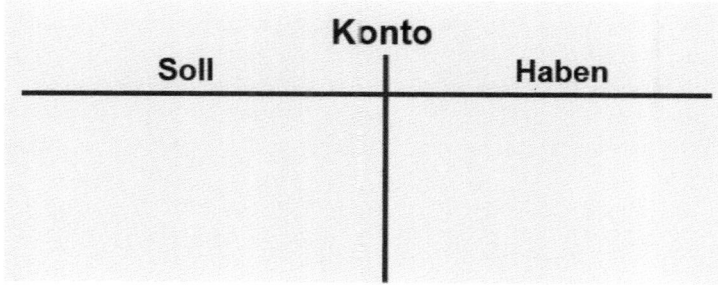

(60) Konto - Inhalt

Ein **Konto** umfasst einen eindeutig definierten Inhalt bzw. definierte

Geschäftsvorgänge:

- Rohstoffe
- Hilfsstoffe
- Betriebsstoffe
- etc.

Konten werden in Klassen und Gruppen ⎤   Kontenplan
zusammengefasst z. B.:   ⎟   und
                                           ⎬   Kontenrahmen
- Anlagevermögen   ⎟   (für eine Branche)
- Langfristiges Kapital   ⎦

Die **Bestandskonten** erfassen alle Anfangsbestände an Vermögensgegenständen
und Kapitalbeträgen, sowie deren Zu- und Abgänge. Die am Ende einer Periode
ermittelten Endbestände, die sich aus dem Anfangsbestand plus Zugänge minus
Abgänge errechnen, werden in der Bilanz ausgewiesen. Bei den Bestandskonten
unterscheidet man Aktiv- und Passivkonten.

- In den **Aktivkonten** wird, analog der Bilanz, abgebildet was in einem Unternehmen „vorhanden" ist, z. B. Gebäude, Maschinen, Fuhrpark oder die Kasse.
- In den **Passivkonten** wird abgebildet, wie sich die Aktivpositionen finanzie-
  ren, also z. B. Eigenkapital, Hypotheken, Verbindlichkeiten aus Lieferungen
  und Leistungen (Heinemeier et al. 2011).

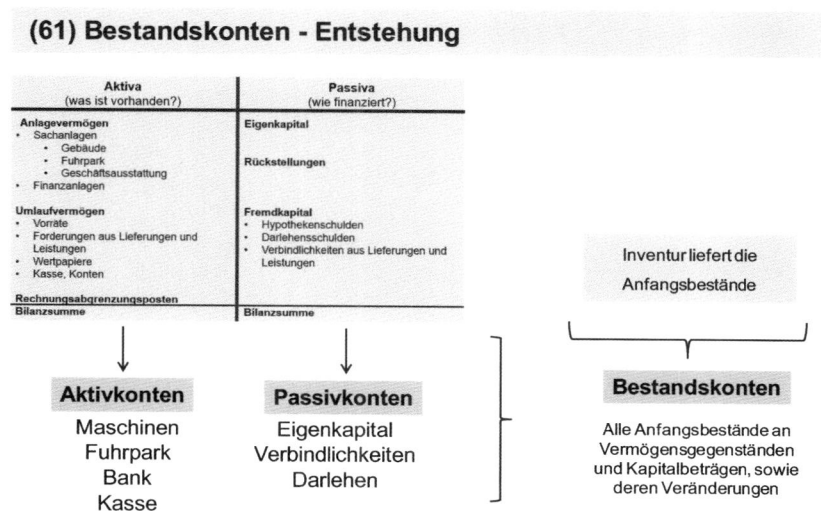

Die Verbuchung des Anfangsbestandes und der Zugänge erfolgt auf den Aktiv-konten auf der Sollseite und bei den Passivkonten auf der Haben-Seite der Konten. Die jeweiligen Endbestände (Salden) fließen am Ende des Geschäftsjahres in die Bilanz ein.

(62) Buchungen auf Bestandskonten

Bestandskonten

Aktivkonto (was ist vorhanden?)			Passivkonto (wie finanziert?)		
Soll	Haben		Soll	Haben	
Anfangs-bestand				Anfangs-bestand	
+ Zugänge	- Abgänge		- Abgänge	+ Zugänge	
z. B. Kauf Maschine	z. B. Verkauf Maschine		z. B. Begleichung Schulden	z. B. Neues Kapital	
	Saldo (Endbestand)		Saldo (Endbestand)		

Bestandsmehrung:	Buchung im Soll	Buchung im Haben
Bestandsminderung:	Buchung im Haben	Buchung im Soll

Die Zusammenhänge von der Auflösung der Bilanz in Bestandskonten, über die Ermittlung der Anfangsbestände durch die Inventur bzw. der Abschlussbilanz der Vorperiode, über Buchungen im laufenden Geschäftsjahr, bis zur Erstellung der aktuellen Bilanz sind in Schaubild 63 dargestellt.

(63) Bilanz und Bestandskonten

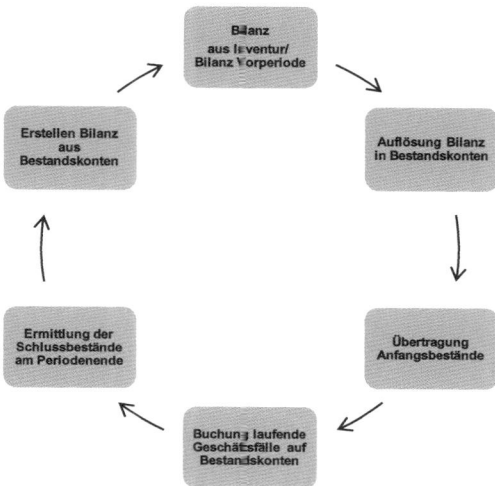

Neben Bestandskonten werden **Erfolgskonten** benötigt (Achleitner und Thommen 2012):

- Aufwendungen verringern das Eigenkapital (EK)
- Erträge vermehren das Eigenkapital

Erfolgskonten sind quasi Unterkonten des Eigenkapitalkontos.

In den **Erfolgskonten** werden alle angefallenen Aufwendungen und Erträge erfasst. Durch die Saldierung der Aufwands- und Ertragspositionen berechnen sich die Endbestände der Aufwendungen und Erträge für die einzelnen Aufwands- und Ertragsarten. Diese gehen in die Gewinn- und Verlustrechnung (GuV) ein (Heinemeier et al. 2011).

(64) Erfolgskonten

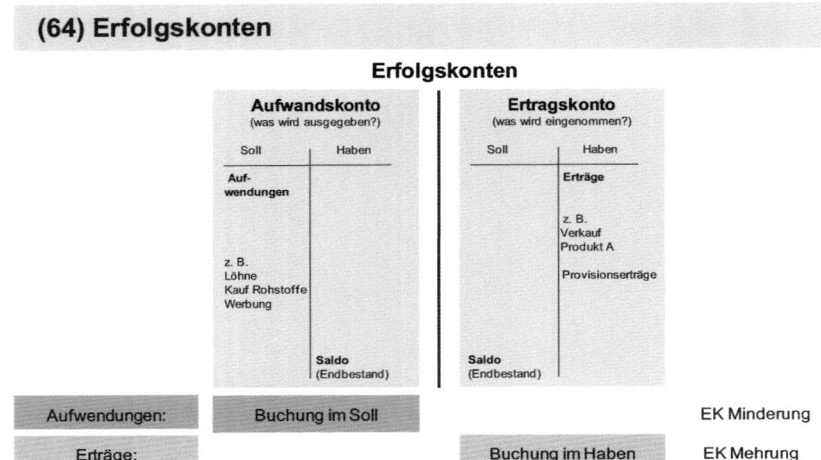

Im Gegensatz zu den Bestandskonten, die mit den Anfangsbeständen aus der Vorbilanz bzw. der Inventur beginnen, beginnen die Erfolgskonten jeder neuen Periode wieder mit dem Null-Saldo.

(65) Bestands- und Erfolgskonten - Unterschiede

	Bestandskonten				Erfolgskonten		

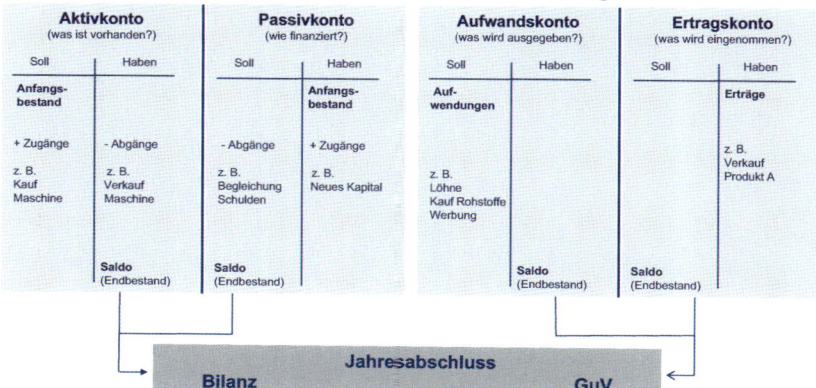

Aktivkonto (was ist vorhanden?)		Passivkonto (wie finanziert?)		Aufwandskonto (was wird ausgegeben?)		Ertragskonto (was wird eingenommen?)	
Soll	Haben	Soll	Haben	Soll	Haben	Soll	Haben
Anfangs-bestand			Anfangs-bestand	Auf-wendungen			Erträge
+ Zugänge	- Abgänge	- Abgänge	+ Zugänge				
z. B. Kauf Maschine	z. B. Verkauf Maschine	z. B. Begleichung Schulden	z. B. Neues Kapital	z. B. Löhne Kauf Rohstoffe Werbung			z. B. Verkauf Produkt A
	Saldo (Endbestand)	Saldo (Endbestand)			Saldo (Endbestand)	Saldo (Endbestand)	

- Beginnen mit Anfangsbeständen aus der Bilanz der Vorperiode/ Inventur

- Salden werden fortgeführt

- Endsalden fließen in die Bilanz ein

- Beginnen jede neue Periode mit Null-Saldo

- Wird über GuV am Jahresende abgeschlossen

- Endsalden fließen in die Bilanzposition „Eigenkapital" auf der Passivseite der Bilanz ein

(66) Bestands- u. Erfolgskonten - Jahresabschluss

	Bestandskonten				Erfolgskonten		

Aktivkonto (was ist vorhanden?)		Passivkonto (wie finanziert?)		Aufwandskonto (was wird ausgegeben?)		Ertragskonto (was wird eingenommen?)	
Soll	Haben	Soll	Haben	Soll	Haben	Soll	Haben
Anfangs-bestand			Anfangs-bestand	Auf-wendungen			Erträge
+ Zugänge	- Abgänge	- Abgänge	+ Zugänge				
z. B. Kauf Maschine	z. B. Verkauf Maschine	z. B. Begleichung Schulden	z. B. Neues Kapital	z. B. Löhne Kauf Rohstoffe Werbung			z. B. Verkauf Produkt A
	Saldo (Endbestand)	Saldo (Endbestand)			Saldo (Endbestand)	Saldo (Endbestand)	

Jahresabschluss

Bilanz   **GuV**

4.2.2 Gesetzlicher Rahmen

Im Rechnungswesen und in der Buchhaltung gibt es eine Reihe von gesetzlichen Regelungen, die ein Unternehmen beachten muss (Wöhe und Döring 2013).

(67) Gesetzliche Grundlagen

Buchführungspflicht	Jahresabschlusspflicht	Gesetze
§ 238 HGB	§ 242 Abs. 3 HGB	Aktiengesetz (AktG)
Verpflichtung Bücher zu führen, die die Geschäfte und Vermögenslage dokumentieren.	Bilanz, GuV (Anhang, Lagebericht)	GmbH-Gesetz (GmbHG)
		International Financial Reporting Standards (IFRS)
Grundsätze ordnungsgemäßer Buchführung (GoB)	**Steuer**	Spezielle Regelungen Bilanz Bewertungen
(HGB, EStG)	Einkommenssteuergesetz (EStG)	**United States Generally Accepted Accounting Principles (US-GAAP)**
Klarheit, Übersichtlichkeit Vollständigkeit Richtigkeit Vorsichtsprinzip	Körperschaftssteuergesetz (KStG) Umsatzsteuergesetz (UStG) Gewerbesteuergesetz (GewStG)	US börsennotiert

Nach § 238,1 des Handelsgesetzbuches (HGB) gilt (Handelsgesetzbuch (HGB) 2017):

> „Jeder Kaufmann ist verpflichtet, Bücher zu führen und in diesen seine Handelsgeschäfte und die Lage seines Vermögens nach den Grundsätzen ordnungsmäßiger Buchführung ersichtlich zu machen. Die Buchführung muss so beschaffen sein, dass sie einem sachverständigen Dritten innerhalb angemessener Zeit einen Überblick über die Geschäftsvorfälle und über die Lage des Unternehmens vermitteln kann. Die Geschäftsvorfälle müssen sich in ihrer Entstehung und Abwicklung verfolgen lassen."

Dabei gelten die **Grundsätze ordnungsgemäßer Buchführung (GoB)**. Die GoB sind nicht in einer einzelnen Rechtsgrundlage geregelt, ergeben sich aber aus diversen Regelungen im HGB und im Einkommenssteuergesetz (EStG). Nach den GoB sind die Bücher nach folgenden Grundsätzen zu führen (Achleitner und Thommen 2012): **Klarheit/Übersichtlichkeit, Vollständigkeit, Richtigkeit,**

Vorsichtsprinzip, Periodisierung. Es gilt dabei auch ein **Verrechnungsverbot** zwischen Posten der Aktiv- und Passivseite und von Aufwand und Ertrag.

(68) Grundsätze ordnungsgemäßer Buchführung (GoB)

Grundlagen: (HGB, EStG)

- **Klarheit, Übersichtlichkeit**
  Klarer und übersichtlicher Aufbau des Jahresabschlusses
  Beachten der Gliederungsvorschriften

- **Vollständigkeit**
  Erfassung aller Geschäftsvorfälle (Vermögen und deren Veränderung)

- **Richtigkeit**
  Erstellung aus richtigem Zahlenmaterial
  Zutreffende Bezeichnung
  Keine bewusste Über- und Unterbewertung

- **Vorsichtsprinzip**
  Realisationsprinzip: Wertsteigerungen erst dann, wenn sie realisiert sind
  Imparitätsprinzip: drohende Schulden ja, möglicher Gewinn nein
  Höchst-/Niederstwertprinzip: Schulden eher zu hoch, Vermögen eher zu niedrig

- **Verrechnungsverbot**
  Keine Aufrechnung von Aktiv-/Passivposten, Aufwendungen/Ertrag

- **Periodisierung**
  Periodengerechte Zuordnung von Aufwand/Ertrag unabhängig von Zahlungen

4.3 Jahresabschluss

Der Jahresabschluss dokumentiert die wirtschaftlichen Vorgänge im Unternehmen in zusammengefasster Form.

Nach dem Handelsgesetzbuch (HGB) setzt sich der Jahresabschluss aus der Bilanz und der Gewinn- und Verlustrechnung (GuV) zusammen (§ 242 Abs. 3 Handelsgesetzbuch (HGB) 2017). Kapitalgesellschaften müssen diesen um einen Anhang erweitern. Größere Kapitalgesellschaften haben zusätzlich einen Lagebericht zu erstellen. Der Jahresabschluss dient als Grundlage zur Steuer- und Ausschüttungsbemessung. Zudem soll er das Unternehmensgeschehen dokumentieren (Achleitner und Thommen 2012).

Weitere wichtige Regelungen zum Jahresabschluss im Handelsgesetzbuch:

- § 244 HGB: Jahresabschluss ist in deutscher Sprache und in Euro aufzustellen.
- § 245 HGB: Jahresabschluss ist vom Kaufmann mit Datum zu unterschreiben.
- § 257 HGB: Bilanzen sind 10 Jahre aufzubewahren.
- Für internationale Unternehmen und Konzerne gelten erweiterte Regelungen.

(69) § 242 Handelsgesetzbuch (HGB)

§ 242 Pflicht zur Aufstellung

(1) Der Kaufmann hat zu Beginn seines Handelsgewerbes und für den Schluss eines jeden Geschäftsjahrs einen das Verhältnis seines Vermögens und seiner Schulden darstellenden Abschluss (Eröffnungsbilanz, Bilanz) aufzustellen. Auf die Eröffnungsbilanz sind die für den Jahresabschluss geltenden Vorschriften entsprechend anzuwenden, soweit sie sich auf die Bilanz beziehen.

(2) Er hat für den Schluss eines jeden Geschäftsjahrs eine Gegenüberstellung der Aufwendungen und Erträge des Geschäftsjahrs (Gewinn- und Verlustrechnung) aufzustellen.

Kapitalgesellschaften: + Anhang, Lagebericht

(3) Die Bilanz und die Gewinn- und Verlustrechnung Abb.en den Jahresabschluss.

4.3.1 Bilanz

Die **Bilanz** ist eine stichtagsbezogene Aufstellung von Vermögen (Aktiva) und Kapital (Passiva) eines Unternehmens. Die Vermögens- und Finanzlage des Unternehmens soll damit übersichtlich und vergleichbar dokumentiert werden. Die Bilanz stellt eine Waage zwischen Aktiva und Passiva dar (Weber et al. 2014).

- Die **Aktiva** stellen die aktiven Vermögensgegenstände dar, also diejenigen, die dem Betrieb dauerhaft dazu dienen, die Leistungen zu erstellen. Sie ist vergleichbar mit einer Inventur des Unternehmens, also der Frage „Was ist vorhanden?" oder „Wofür sind die vorhandenen Mittel verwendet worden?"

(**Mittelverwendung**). Sie zeigt das Anlage- und Umlaufvermögen im Unternehmen:

- **Anlagevermögen:** Sachanlagen (Gebäude, Maschinen), Finanzanlagen (Lizenzen, Schutzrechte).
- **Umlaufvermögen:** Vorräte, Forderungen, Kassenbestand, Guthaben bei Kreditinstituten.

- Die **Passiva** zeigen, wer in welcher Höhe dem Unternehmen Kapital für die Verwendung im Unternehmen (Aktiva) zur Verfügung gestellt hat (**Mittelherkunft**). Hiermit werden auch rechtliche Ansprüche am Kapital des Unternehmens deutlich. Die Passiva gliedern sich in:
  - **Eigenkapital** (Kapital von den Eigentümern) und
  - **Fremdkapital**. Hier werden auch die Gewinn- und Verlustvorträge ausgewiesen. Teile des Fremdkapitals sind die Verbindlichkeiten gegenüber Lieferanten (noch nicht bezahlte Rechnungen für Materialien) und Schulden gegenüber Kreditinstituten (Hypotheken, Darlehen).

(70) Bilanz - Aufbau

Aktivseite	**Passivseite**
Aktiva (was ist vorhanden?)	**Passiva** (wie finanziert?)

Anlagevermögen
 • Sachanlagen
  • Gebäude
  • Fuhrpark
  • Geschäftsausstattung
 • Finanzanlagen
	Eigenkapital
	
	 Rückstellungen

Umlaufvermögen • Vorräte • Forderungen aus Lieferungen und Leistungen • Wertpapiere • Kasse, Konten	**Fremdkapital** • Hypothekenschulden • Darlehensschulden • Verbindlichkeiten aus Lieferungen und Leistungen
Rechnungsabgrenzungsposten	
Bilanzsumme	**Bilanzsumme**

Steigende Liquidität →

Steigende Dringlichkeit der Rückzahlung →

Anlagevermögen + Umlaufvermögen = Eigenkapital + Fremdkapital

Da zu jedem Vermögensteil eine Kapitalquelle vorhanden sein muss, ist die Summe der Aktiva immer gleich der Summe der Passiva.

Eigenkapitalveränderung

Das Eigenkapital eines Unternehmens kann sich durch Mittelzuführung von außen oder durch Selbstfinanzierung verändern und wird in mehreren Bilanzpositionen ausgewiesen. Die Mittelzuführung von außen gliedert sich in das gezeichnete Kapital (Nennbetrag aller Kapitaleinlagen der Gesellschafter) und der Kapitalrücklagen (ergeben sich aus der Differenz des Ausgabekurses und dem Nennbetrag einer Aktie, wird als Aufgeld oder Aktienagio bezeichnet), dar.

Eine Veränderung des Eigenkapitals mittels Selbstfinanzierung kann durch Gewinn (erhöht das Eigenkapital) oder Verlust (mindert das Eigenkapital) des Unternehmens geschehen. Bleibt ein erwirtschafteter Gewinn im Unternehmen und wird nicht an die Eigenkapitalgeber ausgeschüttet, wird das als **Thesaurierung** bezeichnet. Ein Unternehmen kann bestimmte Gewinnrücklagen (Achleitner und Thommen 2012) bilden, die strengen gesetzlichen Regelungen unterliegen, um einer möglichen Verschlechterung der Gewinnsituation im Folgejahr vorzubeugen. Stille Rücklagen oder stille Reserven entstehen aus Unterbewertung von Vermögenspositionen oder Überbewertung von Schulden in der Bilanz (Wöhe und Döring 2013).

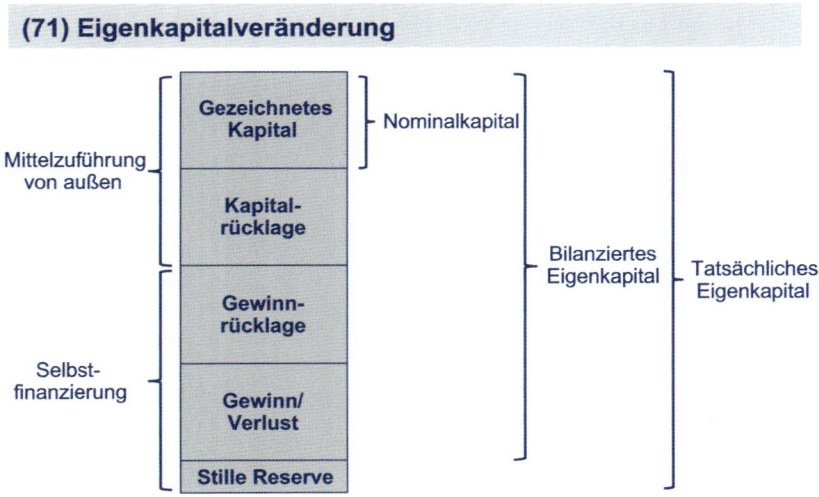

(71) Eigenkapitalveränderung

(72) Kapitalrücklage

Ausgabe: **1 Mio. Aktien**

Nennwert: **10,00 Euro/Aktie**

Ausgabekurs: 15,00 Euro/Aktie

Bilanz

UV	15.000.000	Gez. Kapital	10.000.000
		Kapitalrücklage	5.000.000

Kapitalrücklage aus Differenz Ausgabekurs minus Nennbetrag der Aktien

=

Aktienagio (Aufgeld)

Bilanzarten

Es gibt verschiedene Bilanzarten, die die unterschiedlichen Informationsanlässe und die verschiedenen Adressaten berücksichtigen (Wöhe und Döring 2013).

- Nach dem Kriterium der Häufigkeit der Bilanzerstellung, unterscheidet man z. B. Monatsbilanz, Quartalsbilanz und Jahresbilanz. Aus besonderen Anlässen kann es weitere Arten geben: z. B. Gründungsbilanz, Fusionsbilanz, Insolvenzbilanz.
- Neben der Möglichkeit, zu bestimmten Anlässen freiwillig eine interne Bilanz zu erstellen, gibt es gesetzlich vorgeschriebene Bilanzen. Dazu gehören, neben den Sonderbilanzen, die Handelsbilanz und die Steuerbilanz. Die Steuerbilanz, die aus der Handelsbilanz abgeleitet wird, dient als Bemessungsgrundlage für die verschiedenen Steuerarten (Einkommenssteuer, Gewerbesteuer, Körperschaftssteuer).
- Abhängig von der Unternehmensform gibt es Einzelbilanzen, Gemeinschaftsbilanzen und Konzernbilanzen.

(73) Bilanzarten

Aktiva (was ist vorhanden?)	Passiva (wie finanziert?)
Anlagevermögen • Sachanlagen • Gebäude • Fuhrpark • Geschäftsausstattung • Finanzanlagen	**Eigenkapital** **Rückstellungen**
Umlaufvermögen • Vorräte • Forderungen aus Lieferungen und Leistungen • Wertpapiere • Kasse, Konten	**Fremdkapital** • Hypothekenschulden • Darlehensschulden • Verbindlichkeiten aus Lieferungen und Leistungen
Rechnungsabgrenzungsposten	
Bilanzsumme	**Bilanzsumme**

Bilanzarten:

Monatsbilanz
Quartalsbilanz
Jahresbilanz

Gründungsbilanz
Umwandlungsbilanz
Fusionsbilanz

Insolvenzbilanz

Stichtagsbezogene Aussage zur Vermögens- und Finanzlage des Unternehmens

4.3.2   Bilanzprinzipien und Bewertungsmaßstäbe

Für die Erstellung einer Bilanz gibt es einige Prinzipien, die beachtet werden müssen (Wöhe und Döring 2013).

(74) Bilanzprinzipien

Periodisierungsprinzip:

Geschäftsvorfälle werden erfasst, wenn sie auftreten (unabhängig

von der Zahlung).

Vorsichtsprinzip:

• **Realisationsprinzip:**

  Gewinne werden nur ausgewiesen, wenn sie realisiert sind.   **Produkte am Lager**

• **Imparitätsprinzip:**

  • **Höchstwertprinzip (Passivseite):**   **Höhere von zwei Werten**

    Schulden sind mit dem Höchstwert anzusetzen

  • **Niederstwertprinzip (Aktivseite):**

    Vermögenswerte sind mit dem niedrigsten Wert anzusetzen   **Grundstücke**

Für die Bewertung von Vermögengegenständen gibt es bestimmte Bewertungs-
maßstäbe zu beachten. Die Herstellungskosten spielen bei der Bewertung der
Bestände an produzierten, aber noch n cht verkauften Produkten eine Rolle, die
Anschaffungskosten bei der Bewertung von angeschafften Vermögensgegenständen z. B. Maschinen (Wöhe und Döring 2013).

(75) Bewertungsmaßstäbe - Anschaffungskosten

Anschaffungskosten:

Anschaffungspreis =	Preis der Maschine
- Preisminderung	Boni, Skonti, Rabatte
+ Anschaffungsnebenkosten	Transport, Versicherung, Montage, Zölle
+ nachträgliche Anschaffungskosten	Korrekturen der Zahlungen

(76) Bewertungsmaßstäbe - Herstellungskosten

Herstellungskosten:

Herstellungskosten sind Aufwendungen, die für die Herstellung eines
Vermögensgegenstands/Produktes entstehen.

Dazu gehören:

Materialkosten, Fertigungskosten, Teile der Material- und Fertigungsgemeinkosten,
Teile des Werteverzehrs des Anlagevermögens, angemessene Teile der Kosten
der allgemeinen Verwaltung.

Forschungs- und Vertriebskosten dürfen nicht einbezogen werden.

Schafft ein Unternehmen einen Vermögensgegenstand (z. B. eine Maschine) an,
geht dieser als Wert in das Anlagevermögen ein. Erhöht sich später der Wert der
Maschine (Preissteigerungen), darf diese Steigerung nicht bilanziert werden, es
gelten die Anschaffungskosten als Wertobergrenze. Vermindert sich allerdings der
Wert durch Alterung, Verschleiß oder Ausfall, muss diese Minderung bilanziert
werden, es gilt das Niederstwertprinzip.

Zur Bewertung der Vorräte im Unternehmen gibt es verschiedene Ansätze, die zum Teil im Abschn. 3.2 Lagerstrategien beschrieben werden. Bei der Durchschnittsmethode werden für die Bewertung der Vorräte (Einsatz) die durchschnittlichen Preise aus allen Einkäufen einer Periode mit den jeweiligen Mengen und Einkaufspreisen berechnet. Die Bewertung des Endbestandes ergibt sich rechnerisch aus der Differenz zwischen allen Zugängen und den Abgängen.

Bei dem FIFO- und LIFO-Ansatz werden die Einsätze mit den jeweils ersten bzw. letzten Zugängen bewertet. Auch hier ergibt sich die Bewertung des Endbestandes wie zuvor beschrieben.

Die Wahl des Bewertungsmaßstabes wirkt sich auf die Bewertung der Endbestände und damit auf die Bilanzsumme aus.

(77) Bewertungsmaßstäbe - Vorräte

Vorräte (gleichartig):

* Durchschnittsmethode

Soll				Haben
1. Zugang 10 kg	10.000	Einsatz 10 kg		12.000
2. Zugang 10 kg	12.000			
3. Zugang 10 kg	14.000	Endbestand		24.000
	36.000			36.000

* FIFO (First in – First out)

Soll				Haben
1. Zugang 10 kg	10.000	Einsatz 10 kg		10.000
2. Zugang 10 kg	12.000			
3. Zugang 10 kg	14.000	Endbestand		26.000
	36.000			36.000

* Lifo (last in – first out)

Soll				Haben
1. Zugang 10 kg	10.000	Einsatz 10 kg		14.000
2. Zugang 10 kg	12.000			
3. Zugang 10 kg	14.000	Endbestand		22.000
	36.000			36.000

4.3.3 Bilanzveränderung

Es werden vier Grundformen der **Bilanzveränderung** unterschieden (Vahs und Schäfer-Kunz 2015). Da sich beide Seiten der Bilanz (Aktiva und Passiva) immer im Gleichgewicht befinden müssen, bewirkt jede Veränderung einer Bilanzposition zwingend eine Veränderung einer weiteren Bilanzposition.

Im Beispiel erhöht der Kauf einer Maschine mit dem Anschaffungspreis in Höhe von 10.000 EUR in bar die Geschäftsausstattung um diesen Wert und verringert den Kassenbestand (Barzahlung) um diesen Wert. Da beide Veränderungen auf der Aktivseite der Bilanz stattfinden, spricht man von einem **Aktivtausch** (Hufnagel und Burgfeld-Schächer 2016).

Von einem **Passivtausch** wird gesprochen, wenn nur die Passivseite der Bilanz betroffen ist. Werden z. B. 5000 EUR von den Verbindlichkeiten in ein Darlehen umgewandelt, verringert sich die Position Verbindlichkeiten um diesen Betrag, die Position Darlehensschulden steigt dagegen um diesen Betrag. Beide Veränderungen finden auf der Passivseite statt, die Aktivseite der Bilanz ist nicht betroffen.

(78) Aktivtausch/Passivtausch

Aktiva		Passiva	
Geschäftsausstattung	150.000,00	Eigenkapital	140.000,00
Vorräte	100.000,00	Darlehensschulden	145.000,00
Kasse	15.000,00	Verbindlichkeiten a. LL	10.000,00
Banken	30.000,00		
	295.000,00		**295.000,00**

Aktivtausch:
Kauf Maschine für 10.000 Euro
in bar

Passivtausch:
5.000 Euro Verbindlichkeiten,
werden in Darlehen umgewandelt

Aktiva		Passiva	
Geschäftsausstattung	160.000,00	Eigenkapital	140.000,00
Vorräte	100.000,00	Darlehensschulden	145.000,00
Kasse	5.000,00	Verbindlichkeiten a. LL	10.000,00
Banken	30.000,00		
	295.000,00		**295.000,00**

Aktiva		Passiva	
Geschäftsausstattung	150.000,00	Eigenkapital	140.000,00
Vorräte	100.000,00	Darlehensschulden	150.000,00
Kasse	15.000,00	Verbindlichkeiten a. LL	5.000,00
Banken	30.000,00		
	295.000,00		**295.000,00**

Sind beide Seiten der Bilanz betroffen, wird zwischen **Bilanzverlängerung** und **Bilanzverkürzung** unterschieden. So erhöht z. B. der Kauf von Waren im Wert von 5000 EUR auf Ziel (Rechnung mit Zahlungsziel, keine Barzahlung) auf der Aktivseite die Position Vorräte und auf der Passivseite die Position Verbindlichkeiten aus Lieferung und Leistung um jeweils 5000 EUR. Die Bilanzsumme hat sich um diesen Betrag „verlängert" (erhöht).

Werden z. B. die Verbindlichkeiten durch eine Überweisung von 5000 EUR verringert, verringert sich gleichzeitig der Kontostand bei der Bank. Dies wird als Bilanzverkürzung bezeichnet, die Bilanzsumme hat sich „verkürzt" (verringert).

(79) Bilanzverlängerung/Bilanzverkürzung

Aktiva		Passiva	
Geschäftsausstattung	150.000,00	Eigenkapital	140.000,00
Vorräte	100.000,00	Darlehensschulden	145.000,00
Kasse	15.000,00	Verbindlichkeiten a. LL	10.000,00
Banken	30.000,00		
	295.000,00		**295.000,00**

Bilanzverlängerung:
Kauf Waren für 5.000 Euro auf Ziel

Bilanzverkürzung:
Ausgleich Verbindlichkeiten durch
Überweisung von 5.000 Euro

Aktiva		Passiva	
Geschäftsausstattung	150.000,00	Eigenkapital	140.000,00
Vorräte	105.000,00	Darlehensschulden	145.000,00
Kasse	15.000,00	Verbindlichkeiten a. LL	15.000,00
Banken	30.000,00		
	300.000,00		**300.000,00**

Aktiva		Passiva	
Geschäftsausstattung	150.000,00	Eigenkapital	140.000,00
Vorräte	100.000,00	Darlehensschulden	145.000,00
Kasse	15.000,00	Verbindlichkeiten a. LL	5.000,00
Banken	25.000,00		
	290.000,00		**290.000,00**

4.3.4   Gewinn- und Verlustrechnung (GuV)

Die **Gewinn- und Verlustrechnung** (GuV) zeigt für einen bestimmten Zeitraum
die Ertragslage des Unternehmens. Sie dokumentiert die Unternehmenstätigkeit
als Gewinn und Verlust. Gewinn und Verlust ergeben sich als Saldo aus allen Aufwendungen und allen Erträgen einer Abrechnungsperiode eines Unternehmens.
Der Gewinn geht wiederum als Veränderung des Eigenkapitals in die Bilanz ein
(Achleitner und Thommen 2012).

(80) Gewinn- und Verlustrechnung (GuV)

Die Gewinn- und Verlustrechnung (GuV) hat die Aufgabe, für einen bestimmten Zeitraum über die Ertragslage des Unternehmens zu informieren.

Sie zeigt für eine Abrechnungsperiode den Erfolg (Gewinn/Verlust) der Unternehmenstätigkeit als Differenz aus Erträgen und Aufwendungen.

Der Gewinn/Verlust geht als Vermögensänderung (Veränderung EK) in die Bilanz ein.

Der Aufwand zeigt, wie viel einzelne Positionen gekostet haben (Wert aller verbrauchten Leistungen), der Ertrag zeigt, was der Verkauf der produzierten Produkte gebracht hat (Umsatz bzw. Wert aller erbrachten Leistungen). Zum Aufwand zählen alle Kosten und Aufwendungen im Unternehmen, z. B. die Materialkosten, Personal- und Vertriebskosten, Abschreibungen (s. Abschn. 4.3.6), aber auch Bestandsveränderungen (Lagerzugang, Lagerabgang).

(81) Aufbau GuV

Was hat es gekostet? (Wert aller verbrauchten Leistungen)	Was hat es gebracht? (Wert aller erbrachten Leistungen)
Aufwand	**Ertrag**
Wareneinsatz • Kosten Materialien • Kosten Betriebsstoffe	**Umsatzerlöse** **Sonstige betriebliche Erlöse**
Bestandsveränderungen	
Personaleinsatz • Personalkosten • Personalnebenkosten	
Vertriebskosten/Marketingkosten	
Abschreibungen	
Summe	Summe
	Gewinn (Ertrag > Aufwand) **Verlust** (Aufwand > Ertrag)

Aus den unterschiedlichen Erträgen und Aufwendungen ergeben sich unterschiedliche Ergebnisse. Als ordentliches Ergebnis wird z. B. das Ergebnis der gewöhnlichen Geschäftstätigkeit bezeichnet, also der ursächlichen Leistungserstellung des Unternehmens (Produktion, Handel). Ein außerordentliches Ergebnis ergibt sich zusätzlich z. B. aus Mieteinnahmen oder Mietaufwendungen, also aus Erträgen und Aufwendungen, die nicht zur ursächlichen Leistungserstellung zählen (Wöhe und Döring 2013).

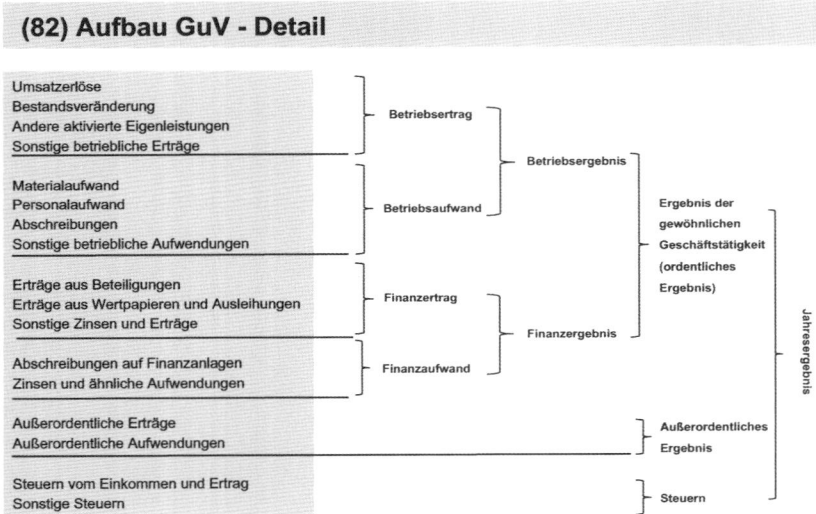

4.3.5 Umsatzkostenverfahren und Gesamtkostenverfahren

Zur Erfolgsermittlung werden zwei Verfahren unterschieden.

- Beim **Gesamtkostenverfahren** werden Aufwand und Ertrag aller produzierten und umgesetzten (verkauften) Leistungen betrachtet, auch die Bestandsveränderungen am Lager zählen dazu.
- Im **Umsatzkostenverfahren** werden dagegen nur die umgesetzten Leistungen, also die im Markt abgesetzten Leistungen (mit denen Umsatz erzielt wurde) betrachtet (Achleitner und Thommen 2012).

Beide Verfahren führen zum gleichen Gewinn bzw. Erfolg.

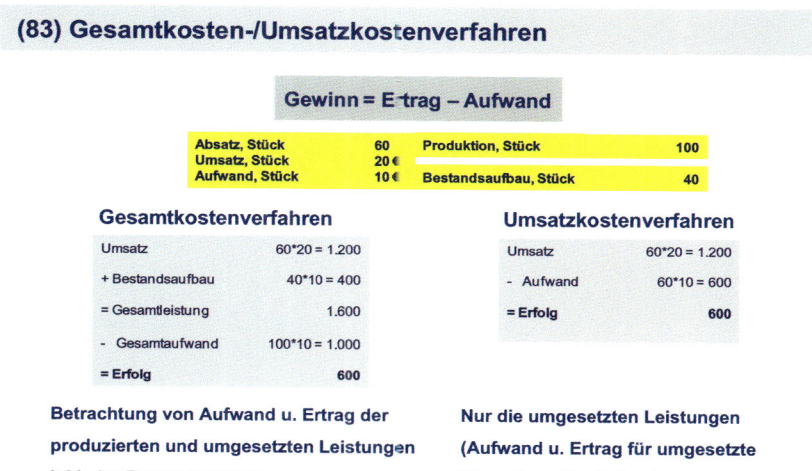

4.3.6 Abschreibungen

Ein Unternehmen kauft z. B. für die Produktion eine Maschine zu einem bestimmten Preis. Maschinen in einem Unternehmen unterliegen einem Alterungsprozess bzw. können im Laufe der Nutzung funktionsuntüchtig werden. Sie verlieren damit im Laufe der Nutzung an Wert.

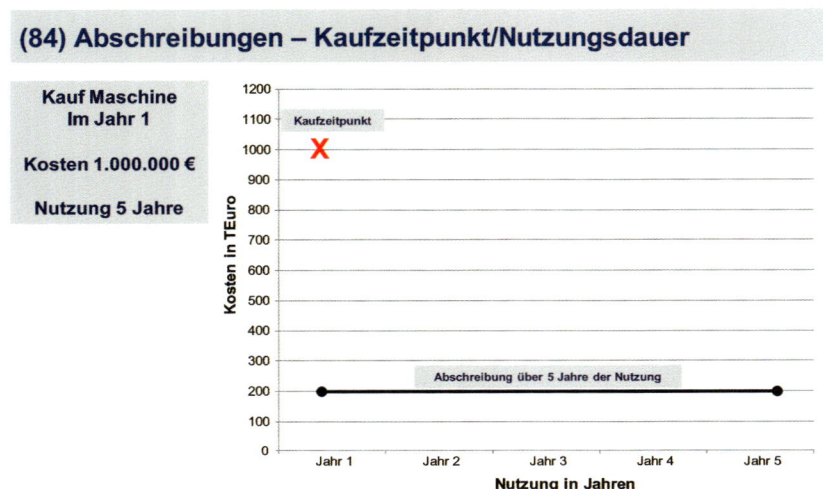

Diese Wertminderungen von Vermögensgegenständen (Anlage- und Umlaufvermögen) werden als Aufwand in der GuV verrechnet. Sie werden als **Absetzung für Abnutzung (Afa)** oder **Abschreibungen** bezeichnet (Achleitner und
Thommen 2012). Die Wertminderungen können planmäßig, verbrauchsbedingt,
wirtschaftlich bedingt und zeitlich bedingt sein. Unternehmen sollen durch die
Möglichkeit der Abschreibung in die Lage versetzt werden, für später notwendige
Neuanschaffungen die finanziellen Mittel zu generieren.

(85) Abschreibungen

Abschreibungen sind Wertminderungen von

Vermögensgegenständen des Unternehmens.

**Afa wird als
Aufwand in der
GuV gebucht**

Sie können das Anlage- oder Umlaufvermögen betreffen.

**Erfolgt ein Werteverzehr nicht innerhalb einer Periode, werden die
Anschaffungskosten nicht in voller Höhe einer Abrechnungsperiode
zugerechnet, sondern werden auf die Perioden der Nutzung verteilt.**

AfA = Absetzung für Abnutzung

Den Unterschied zwischen einem Materialaufwand, der sofort bezahlt werden muss, und einer Investition in eine neue Maschine, die über die nächsten Jahre genutzt werden soll, zeigt die Gegenüberstellung. Der Materialaufwand wird direkt in der Abrechnungsperiode des Kaufs gebucht, die Investition für die Maschine über die Jahre der Nutzung.

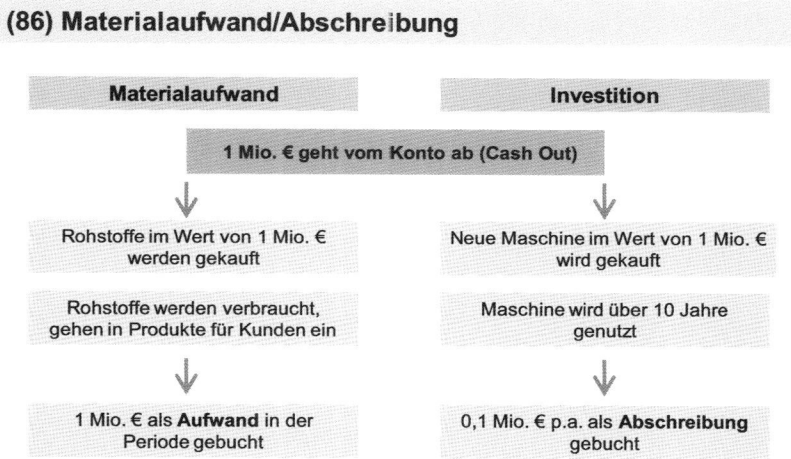

(86) Materialaufwand/Abschreibung

Materialaufwand	Investition
1 Mio. € geht vom Konto ab (Cash Out)	
↓	↓
Rohstoffe im Wert von 1 Mio. € werden gekauft	Neue Maschine im Wert von 1 Mio. € wird gekauft
Rohstoffe werden verbraucht, gehen in Produkte für Kunden ein	Maschine wird über 10 Jahre genutzt
↓	↓
1 Mio. € als **Aufwand** in der Periode gebucht	0,1 Mio. € p.a. als **Abschreibung** gebucht

Man unterscheidet handelsrechtlich und steuerrechtlich unterschiedlich zulässige Abschreibungsverfahren. Bei einer linearen Abschreibung werden in jedem Nutzungsjahr die gleichen Beträge abgeschrieben. Bei einer degressiven Abschreibung sind die Abschreibungsbeträge anfangs höher und verringern sich im Laufe der Nutzungsdauer. Das degressive Abschreibungsverfahren unterliegt detaillierten steuerrechtlichen Regelungen. Eine leistungsbezogene Abschreibung ist zulässig, aber schwierig umzusetzen, da die Leistungsabgabe einer Maschine nur ungenau zu planen ist. Durch Feuer oder Totalausfall kann es zu außerplanmäßigen Abschreibungen kommen (Wöhe und Döring 2013). Ein progressives Verfahren (steigende Abschreibungsbeträge) ist handelsrechtlich nur begrenzt und steuerrechtlich nicht zulässig. Es widerspricht dem Prinzip der vorsichtigen Bewertung.

Basis für die Berechnung der Abschreibungshöhe sind die Anschaffungs- oder Herstellkosten und die Dauer der Abschreibung. Die Finanzverwaltung stellt sogenannte Abschreibungstabellen (Afa-Tabellen) zur Verfügung, die für bestimmte Anlagengegenstände die gewöhnliche Nutzungsdauer angeben.

Im umgekehrten Fall der Wertminderung gibt es auch „Zuschreibungen", die aber deutlich eingeschränkt sind und die Anwendung streng vorgegeben ist, da sie gegen das Vorsichtsprinzip sprechen (Wöhe und Döring 2013).

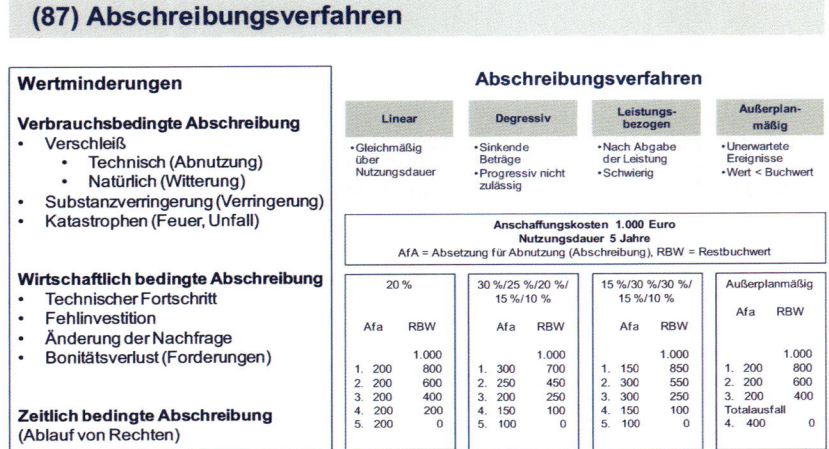

(87) Abschreibungsverfahren

Der um die Abschreibung reduzierte Wert des Abschreibungsobjektes ist der sogenannte Buchwert, mit dem das Objekt in den Geschäftsbüchern steht.

4.3.7   Zusammenhang Bilanz und Gewinn- und Verlustrechnung

Der Gewinn geht als Veränderung des Eigenkapitals in die Bilanz ein.

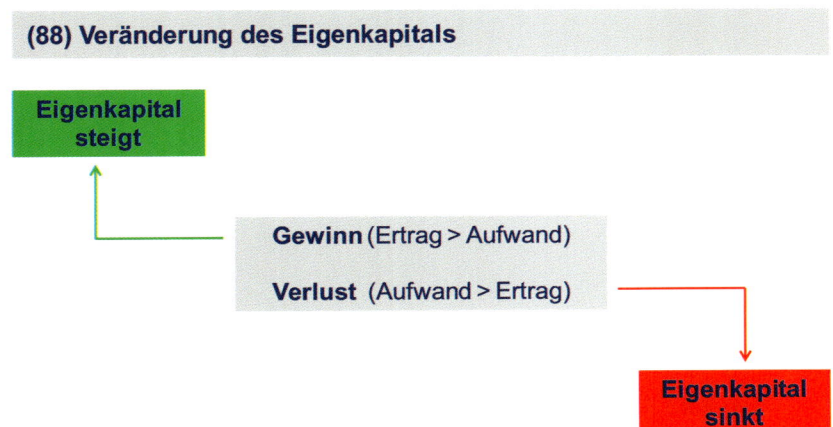

(88) Veränderung des Eigenkapitals

Ein Gewinn aus der Gewinn- und Verlustrechnung erhöht das Eigenkapital ein Verlust verringert es. Ist der Verlust größer als das Eigenkapital, wird das als Überschuldung bezeichnet.

(89) Bilanz und Gewinn- und Verlustrechnung

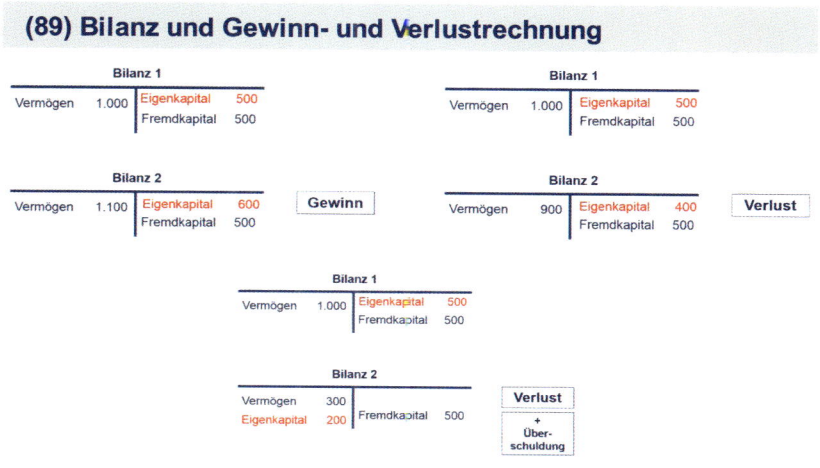

(90) Zusammenhang Bilanz und GuV

Zusammenhang zwischen Bilanz und GuV ergibt sich aus dem System der „doppelten Buchführung".

Jeder Vorgang betreffs Aufwand und Ertrag wird in der GuV gegengebucht.

Bilanz und GuV weisen einen Gewinn bzw. Verlust aus.

Allerdings unterscheidet sich der Ausweis des Gewinns in Bilanz und GuV durch die verschiedenen Möglichkeiten der Verwendung des Gewinns (Wöhe und Döring 2013).

(91) Gewinnverwendung

Ausschüttung	Gewinnrücklage	Gewinnvortrag
• Dividende • Gesellschafter	• Dividendenkonstanz • Drohender Verlust	• Schlechte Zeiten • Keine Ausschüttung

Gesellschafterbeschluss

Differenz

An den folgenden Geschäftsvorfällen wird der Zusammenhang zwischen Bilanz und Gewinn- und Verlustrechnung dargestellt:

- Das Unternehmen kauft eine Maschine für 50.000 EUR am Jahresende.
- Finanziert wird die Maschine über ein Bankdarlehen.
- Die Maschine wird linear über 10 Jahre abgeschrieben.
- Tilgung Darlehen erfolgt analog Afa.

(92) Beispiel Zusammenhang Bilanz und GuV (1)

GuV				Bilanz			
Aufwand			Ertrag	Aktiva			Passiva
Personal	50	Umsatz	200	Gebäude	25	Eigenkapital	
Material	50			Maschinen	0	Kapital	75
Marketing	50			Vorräte	75	Jahresüberschuss	50
Abschreibung	0						
Jahresüberschuss	50			Liquide Mittel	25	Verbindlichkeiten	0
Total	200		200	Total	125		125

Geschäftsvorfälle

- Das Unternehmen kauft eine Maschine für 50.000 € am Jahresende
- Finanziert wird die Maschine über ein Bankdarlehen
- Die Maschine wird linear über 10 Jahre abgeschrieben
- Tilgung Darlehen erfolgt analog Afa

Am Ende der aktuellen Abrechnungsperiode verändert sich die GuV nicht, aber die Bilanzsumme erhöht sich, durch den Kauf und die Finanzierung der Maschine.

(93) Beispiel Zusammenhang Bilanz und GuV (2)

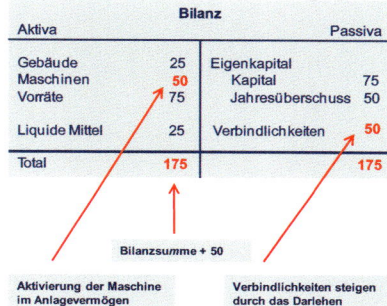

Ende der ersten Periode

Am Ende der Folgeperiode verändern sich sowohl die GuV (Basisdaten analog Vorperiode) und die Bilanz. Die Abschreibung verändert die GuV. Die Bilanz ändert sich durch den geringeren Jahresüberschuss (Gewinn), den geringeren Buchwert der Maschine und die Tilgung der Verbindlichkeiten.

(94) Beispiel Zusammenhang Bilanz und GuV (3)

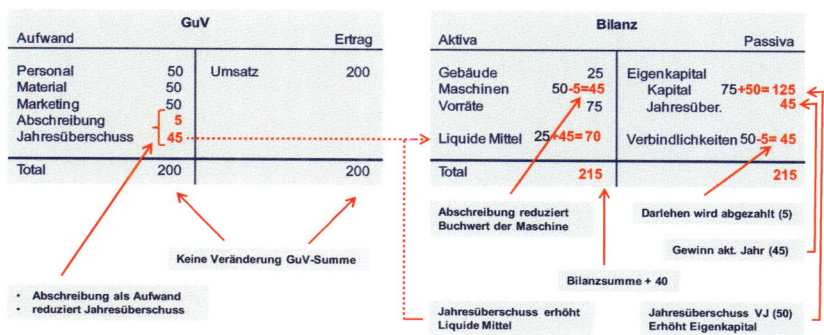

Folgeperiode

4.3.8 Jahresabschlussprüfung, Anhang, Lagebericht

Kapitalgesellschaften müssen ihren Jahresabschluss durch einen unabhängigen Abschlussprüfer prüfen und bestätigen lassen. Der Jahresabschluss wird durch einen **Prüfungsbericht** und einen Prüfungsvermerk testiert (Wöhe und Döring 2013). Der Abschluss ist durch einen **Lagebericht** und einen **Anhang** zu erweitern. Der Lagebericht enthält Informationen zur aktuellen Unternehmenssituation und gibt einen Ausblick auf Konjunktur und Marktentwicklung. Der Anhang informiert über Bewertungsmethoden, die Organisation und gliedert bestimmte Bereiche weiter auf.

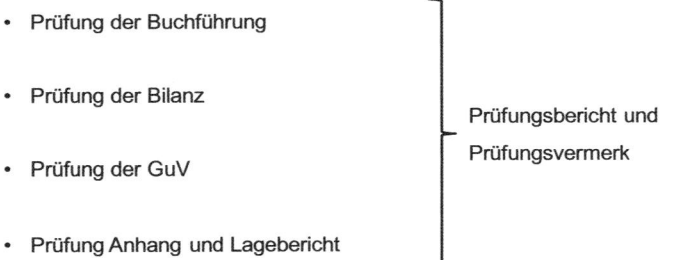

(95) Jahresabschlussprüfung

Für Kapitalgesellschaften muss der Jahresabschluss und der Lagebericht von einem unabhängigen Abschlussprüfer geprüft werden.

* Prüfung der Buchführung

* Prüfung der Bilanz

Prüfungsbericht und
Prüfungsvermerk

* Prüfung der GuV

* Prüfung Anhang und Lagebericht

(96) Anhang und Lagebericht

Jahresabschluss von Kapitalgesellschaften ist um Anhang und Lagebericht zu erweitern

- Weitere Informationen zur tatsächlichen Vermögens-, Finanz- und Ertragslage
- Zusatzangaben, die nicht in der Bilanz stehen
- Blick voraus

Anhang	Lagebericht
Erläuterungen, Erklärungen • Bewertungsmethoden • Organmitglieder • Beteiligungen	Aktuelle Situation
	Bedeutende Vorgänge nach Bilanzstichtag
Ergänzungen	Einschätzung Marktentwicklung
	Unternehmen – Branche – Konjunktur
Aufgliederungen • Umsätze • Rückstellungen • Forschung und Entwicklungskosten	Risikoeinschätzung
	Vergütungssystem

Da Produkte nicht nur national, sondern weltweit nachgefragt werden und Unternehmen sich weltweit an den Kapitalmärkten bedienen, gelten für international tätige Unternehmen spezielle Regelungen für den Jahresabschluss (Achleitner und Thommen 2012).

(97) Jahresabschluss international

Globalisierung lässt Güter- und Finanzmärkte zusammenwachsen

- Produkte werden weltweit nachgefragt und verkauft

- Kapital wird weltweit besorgt

- Anleger suchen weltweit nach Kapitalanlagen

HGB (Handelsgesetzbuch)	IFRS (International Financial Reporting Standards)	US-GAAP (US-Generally accepted Accounting Principles)
• Gläubigerschutz • Stakeholder *Pflicht bei Einzelabschluss* • Information • Bemessungsgrundlage für Zahlungen • Vorsichtsprinzip • Finanzierung über Bankkredit	• Aktionärsschutz • Share-/Stakeholder *Pflicht bei Kapitalmarktorientierung* • Information • Neutraler Bewertungsansatz • Finanzierung über Kapitalmarkt • EK-Veränderungsrechnung • Kapitalflussrechnung	• Voraussetzung für US-Börsennotierung • Schutz US-Wertpapierhandel

Der International Financial Standard Report (IFRS) enthält einige Unterschiede zum Handelsgesetzbuch (HGB).

(98) Jahresabschluss nach IFRS

Bilanz

(Statement of Financial Position)

- Weniger detailliert als nach HGB
- Posten nach Fristigkeit geordnet

GuV

(Statement of Comprehensive Income)

- Income Statement
  (Periodenergebnis, analog HGB)
- Other Comprehensive Income
  (erfolgsneutrale Veränderung)

Anhang (Notes)

- Pflichtbestandteil
- Umfassender als HGB

EK-Veränderungsrechnung

(Statement of Changes in Equity)

- Alle Veränderungen des EKs der
  Periode
- Ergebnis, Dividende,
  Kapitalerhöhung
- Analog Eigenkapitalspiegel nach
  HGB

Kapitalflussrechnung

(Statement of Cash Flows)

- Vermögens- u. Finanzstruktur
- Liquidität
- Cash Flows nach Quellen

Für **Konzerne** (Aktiengesetz 2016) gelten weitere Regelungen. Ein Konzern ist ein Zusammenschluss eines bestimmenden mit einem oder mehreren abhängigen Unternehmen (Vahs und Schäfer-Kunz 2015).

(99) Konzern

§ 18 Aktiengesetz (AktG):

„Sind ein herrschendes und ein oder mehrere abhängige

Unternehmen unter der einheitlichen Leitung des herrschenden

Unternehmens zusammengefasst, so bilden sie einen Konzern; die

einzelnen Unternehmen sind Konzernunternehmen."

Ein Konzern ist ein Verbund von rechtlich selbstständigen Unternehmen,

die einem herrschenden Unternehmen unterstellt sind.

Das bestimmende oder beherrschende Unternehmen wird **Mutterunternehmen** genannt, die von ihm abhängigen Unternehmen werden als **Tochterunternehmen** bezeichnet.

(100) Konzern - Mutterunternehmen

Das Mutterunternehmen

- **hält die Mehrheit der Stimmrechte der Gesellschafter des Tochterunternehmens (TU)**
- **ist Gesellschafterin des TU**
- **hat Recht zur Bestellung von Leitungsorganen der TU**
- **übt beherrschenden Einfluss auf das TU aus**

Der Jahresabschluss des Konzerns als Ganzes dient nur der Information und wird aus den Jahresabschlüssen der Tochterunternehmen abgeleitet. Er ist keine einfache Addition der einzelnen Abschlüsse, sondern eine Aufrechnung der einzelnen Positionen, bei der interne Leistungsbeziehungen der zum Konzern gehörenden Unternehmen eliminiert werden (Achleitner und Thommen 2012). Eine interne Leistungsbeziehung stellt z. B. die Motorenlieferung von Volkswagen an andere Tochterunternehmen des VW-Konzerns dar.

(101) Konzernabschluss

Konzernabschluss

- **dient ausschließlich der Informationsfunktion**
- **wird aus den Einzelabschlüssen der Tochterunternehmen abgeleitet**
- **keine einfache Addition der Positionen**
- **sondern Konsolidierung (Aufrechnung, Eliminierung interner Leistungsbeziehungen)**

4.4   Bilanzpolitik und Bilanzanalyse

Unternehmen haben bei der Bilanzerstellung einen Ermessensspielraum, z. B. bei der Bewertung der Bestände. **Bilanzpolitik** ist demzufolge die zielgerichtete Nutzung aller legalen Möglichkeiten hinsichtlich des Ausweises der Vermögens-, Finanz- und Ertragslage des Unternehmens (Wöhe und Döring 2013).

(102) Bilanzpolitik

Bilanzpolitik ist die zielgerichtete Nutzung aller legalen Möglichkeiten hinsichtlich des Ausweises der Vermögens-, Finanz- und Ertragslage des Unternehmens.

Die Bilanzpolitik eines Unternehmens erfolgt aus unterschiedlichen Gründen.

(103) Gründe für Bilanzpolitik

Stärkung des Eigenkapitals	**Stärkung der Liquidität**
• Ausschüttungsquote gering halten	• Bonität
• Rücklagen bilden	• Vermeidung Insolvenz
• Selbstfinanzierung	• Selbstfinanzierung
• Bonität steigt	• Veräußerung Aktiva

Kontinuität der Dividendenzahlung	**Steuerminimierung**
• Unabhängig von Jahresergebnis konstant	• Steuerersparnis
	• Steuerverschiebung
• Rücklagen bilden	• Verlagerung Gewinne (Periode)

Imagepflege	**Wahl Bilanzstichtag**
• Positive Darstellung	• Vorräte, Liquidität, Forderungen etc.

Da die Bilanzpolitik eines Unternehmens nicht immer erkennbar ist und die Bilanz eine Stichtagsbetrachtung ist, ist bei der Interpretation eines Jahresabschlusses eine genaue Analyse notwendig. Die **Bilanzanalyse** bereinigt, verdichtet und strukturiert die Jahresabschlussdaten neu, um detailliertere Informationen zum Unternehmen zu erhalten (Wöhe und Döring 2013).

(104) Bilanzanalyse

Eine Bilanz ist zu interpretieren und zu analysieren:

- Stichtagsbetrachtung
- Gestaltungsspielraum
- Rückstellungen
- Abschreibungen
- Wert von Vermögensgegenständen ist zukunftsabhängig

Die Bilanzanalyse bereinigt, verdichtet und strukturiert die Jahresabschlussdaten daher neu, um mehr Transparenz über die zukünftige Lage des Unternehmens zu erhalten.

Die Bilanzanalyse ist eine Informationsauswertung aus den Daten vom Jahresabschluss (Bilanz, GuV, Lagebericht, Anhang), mit dem Ziel, einen Aufschluss über die wirtschaftliche Lage des Unternehmens zu erhalten. Interessenten einer Bilanzanalyse sind z. B. die Gläubiger des Unternehmens (Banken, Lieferanten), die Kapitalgeber, Versicherungen, Management, Ratingagenturen und das Finanzamt (Wöhe und Döring 2013).

(105) Adressaten der Bilanzanalyse

Informationsauswertung für :

- Gläubiger
- Kapitalgeber
- Versicherungen
- Management
- Ratingagenturen
- Finanzamt

mit dem Ziel, Aufschluss über die wirtschaftliche Lage des Unternehmens und seine Entwicklung zu erhalten.

Der Wert der Informationen nimmt zu,

- je mehr Jahresabschlüsse des Unternehmens für die Analyse zur Verfügung stehen (Entwicklung) und
- sobald Jahresabschlüsse anderer Unternehmen der gleichen Branche ebenfalls ausgewertet werden können (Benchmark).

Eine Bilanzanalyse gliedert sich in drei Teile (Wöhe und Döring 2013): Datenaufbereitung, Bildung von Kennzahlen und die anschließende Auswertung der Kennzahlen.

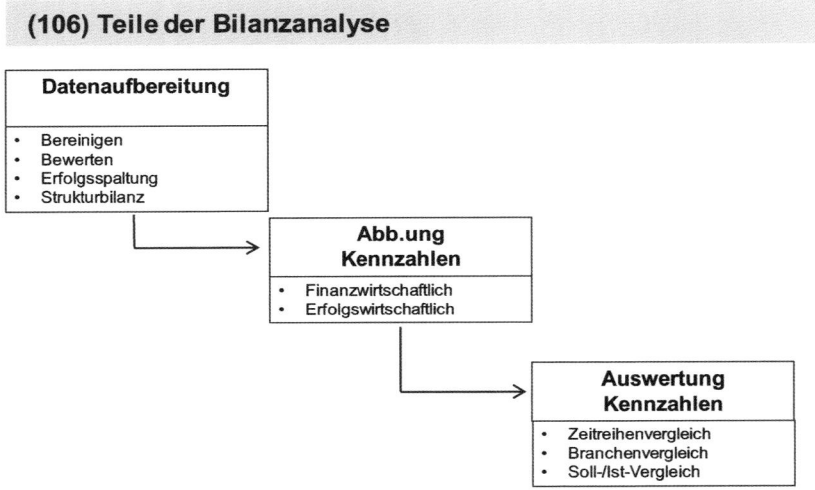

(106) Teile der Bilanzanalyse

Datenaufbereitung
- Bereinigen
- Bewerten
- Erfolgsspaltung
- Strukturbilanz

Abb.ung Kennzahlen
- Finanzwirtschaftlich
- Erfolgswirtschaftlich

Auswertung Kennzahlen
- Zeitreihenvergleich
- Branchenvergleich
- Soll-/Ist-Vergleich

Datenaufbereitung

Sie dient dazu, den Wertansatz von Vermögensgegenständen zu prüfen. Oft stecken in einigen Vermögenswerten sogenannte stille Rücklagen, besonders, wenn sie schon lange zum Vermögen gehören. So werden z. B. Grundstücke in der Bilanz unabhängig vom aktuellen Marktwert mit den Anschaffungskosten bilanziert.

Hinsichtlich der langfristigen Zahlungsfähigkeit ist eine Unterteilung des Fremdkapitals nach der jeweiligen Fristigkeit notwendig. Der in der Bilanz ausgewiesene Unternehmensgewinn ist nur begrenzt aussagefähig, da dieser zum Teil für die Ausschüttung an die Gesellschafter und Aktionäre verwendet werden kann.

In der GuV wird das Ergebnis um die außerordentlichen Ergebnisbestandteile (z. B. Verkauf Beteiligungen, Auflösung Rückstellungen) bereinigt, da sie mit der gewöhnlichen Geschäftstätigkeit in der aktuellen Periode nichts zu tun haben. Gleiches trifft auf außerplanmäßige Abschreibungen und Aufwendungen zu.

(107) Bilanzanalyse - Datenaufbereitung

- Jahresabschluss
- Lagebericht, Anhang
- Check Wertansätze Vermögensgegenstände
- Evtl. stille Rücklagen
- Evtl. Aufwertung Vermögensgegenstände
- Kapitalverfügbarkeit/Kapitalbindung (Aufstellung **Strukturbilanz**)
- Rückstellungen bewerten
- Korrektur GuV nach Einmaleffekten (**Erfolgsspaltung**)
- Bewertung Gewinn (Gewinnverwendung)

Bildung von Kennzahlen (Wöhe und Döring 2013)

Im nächsten Schritt werden Kennzahlen (Relationen zwischen unterschiedlichen Daten) gebildet, die Zusammenhänge verdeutlichen und einen schnellen Überblick über den Zustand des Unternehmens verschaffen.

(108) Bilanzanalyse – Bildung von Kennzahlen

- Aufstellen von Relationen
  - Veränderungen im Zeitablauf des Unternehmens
  - Vergleich mit anderen Unternehmen
- Verdeutlichen von Zusammenhängen
- Schneller Überblick aus vielen Daten

Die Kennzahlen werden üblicherweise in zwei Arten eingeteilt (Wöhe und Döring 2013):

- **Finanzwirtschaftliche Kennzahler:** geben Informationen über die zukünftige Zahlungsfähigkeit des Unternehmens. Sie untergliedern sich in Kennzahlen zur Investitionsanalyse, zur Finanzierungsanalyse und Liquiditätsanalyse.
- **Erfolgswirtschaftliche Kennzahlen:** zeigen die künftige Ertragskraft des Unternehmens. Dazu gehören Kennzahlen zur Ergebnisanalyse und zur Rentabilitätsanalyse.

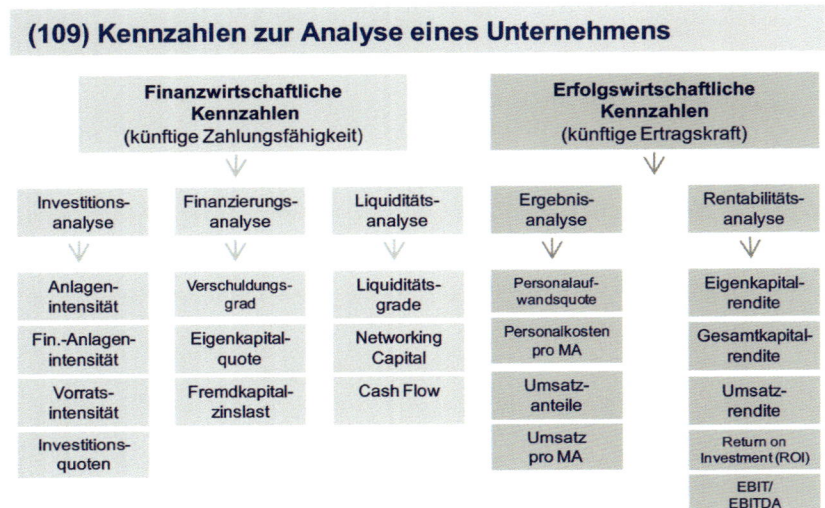

(109) Kennzahlen zur Analyse eines Unternehmens

Finanzwirtschaftliche Kennzahlen

Die Kennzahlen zur **Investitionsanalyse** treffen eine Aussage zur zukünftigen Zahlungsfähigkeit des Unternehmens. Die Fixkosten, der Kapitalbedarf und die Kapitalbindung stehen dabei im Vordergrund.

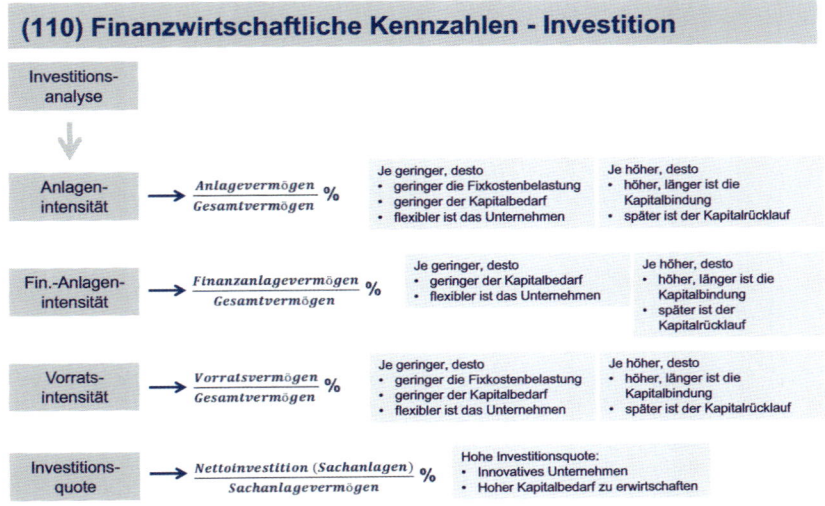

(110) Finanzwirtschaftliche Kennzahlen - Investition

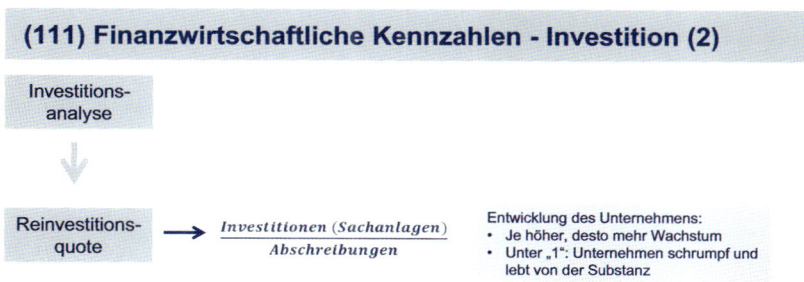

Die Kennzahlen zur **Finanzierungsanalyse** dienen der Abschätzung von Finanzierungsrisiken und betrachten das Verhältnis von Eigenkapital und Fremdkapital.

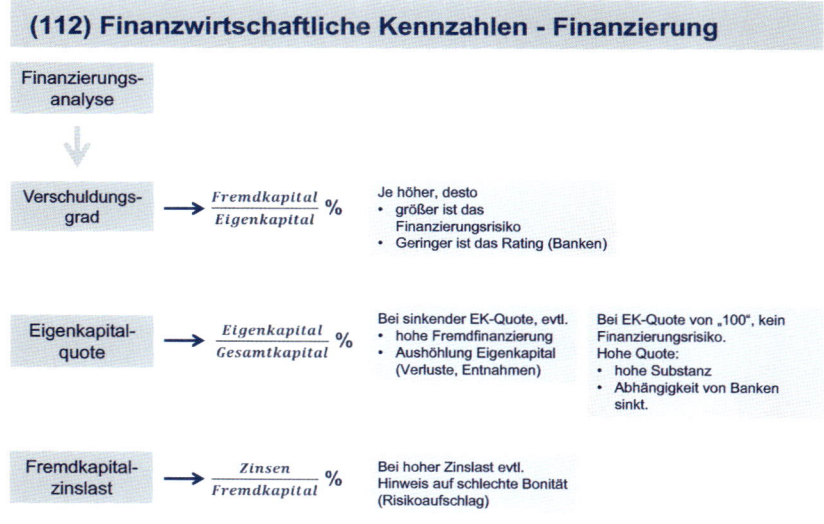

Die Kennzahlen zur **Liquiditätsanalyse** betrachten die Zahlungsfähigkeit des Unternehmens. Die verschiedenen Liquiditätsgrade, Networking Capital und Cashflow zählen dazu.

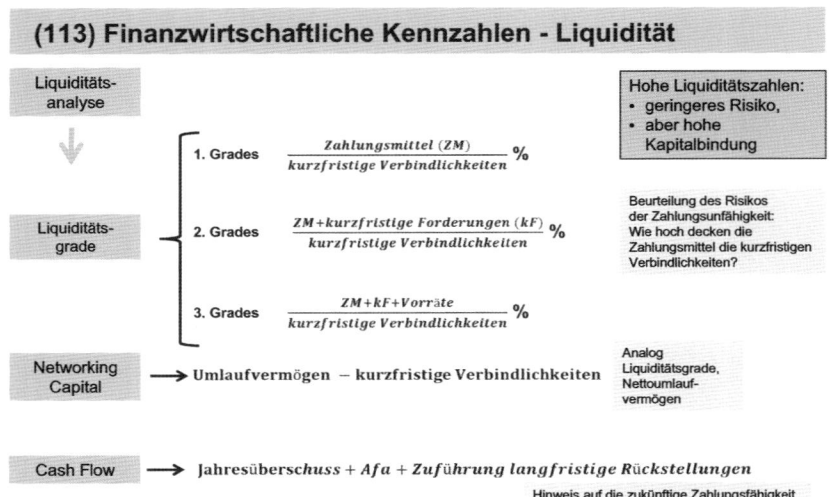

(113) Finanzwirtschaftliche Kennzahlen - Liquidität

In diesem Zusammenhang spielt das **Working Capital Management** (WCM) eines Unternehmens eine große Rolle. Das im Unternehmen gebundene Kapital (z. B. Vorräte am Lager) soll reduziert werden und Liquidität und Rentabilität gesteigert werden.

(114) Working Capital Management

Working Capital Management (WCM):

Ziel des WCM ist die Reduktion des im Unternehmen gebundenen Kapitals (Kapitalbindung kostet Geld).

Liquidität soll freigesetzt werden und die Rentabilität verbessert werden.

Ansatzpunkte:

- Zahlungsziele der Kunden verringern
- eigene Zahlungsziele verlängern (Achtung: Rating)
- Vorratsbestände reduzieren

Erfolgswirtschaftliche Kennzahlen

Die Kennzahlen zur Ergebnisanalyse dienen zur Ermittlung der Aufwands- und Ergebnisstruktur im Unternehmen.

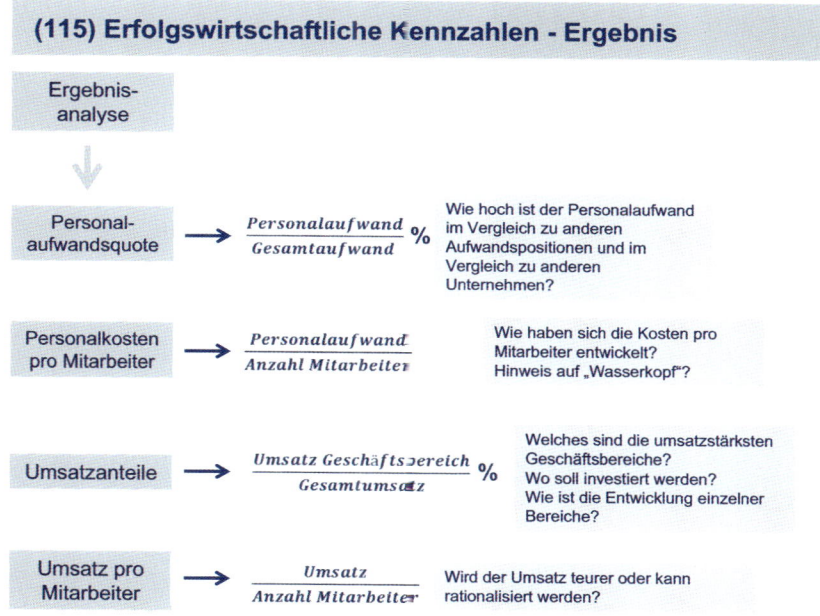

Die Kennzahlen zur Rentabilitätsanalyse analysieren die Ertragskraft im Unternehmen. Hierzu zählen u. a. Eigenkapitalrendite, Umsatzrendite, Return on Investment (ROI), sowie **EBIT** und **EBITDA**.

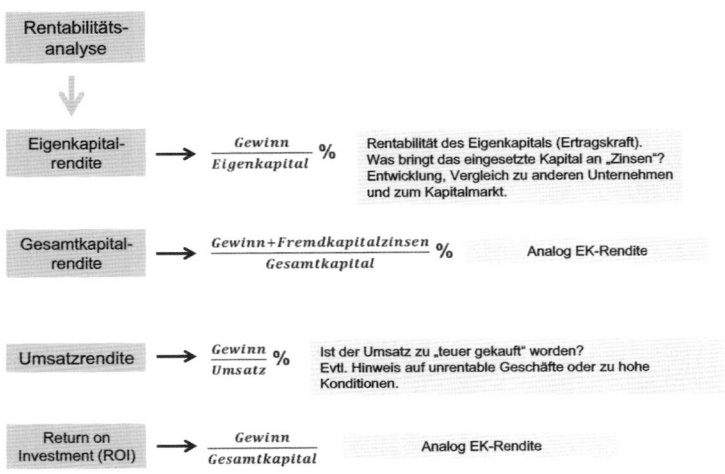

(116) Erfolgswirtschaftliche Kennzahlen – Rentabilität (1)

Rentabilitäts-
analyse

Eigenkapital-
rendite → $\dfrac{Gewinn}{Eigenkapital}$ % — Rentabilität des Eigenkapitals (Ertragskraft). Was bringt das eingesetzte Kapital an „Zinsen"? Entwicklung, Vergleich zu anderen Unternehmen und zum Kapitalmarkt.

Gesamtkapital-
rendite → $\dfrac{Gewinn+Fremdkapitalzinsen}{Gesamtkapital}$ % — Analog EK-Rendite

Umsatzrendite → $\dfrac{Gewinn}{Umsatz}$ % — Ist der Umsatz zu „teuer gekauft" worden? Evtl. Hinweis auf unrentable Geschäfte oder zu hohe Konditionen.

Return on
Investment (ROI) → $\dfrac{Gewinn}{Gesamtkapital}$ — Analog EK-Rendite

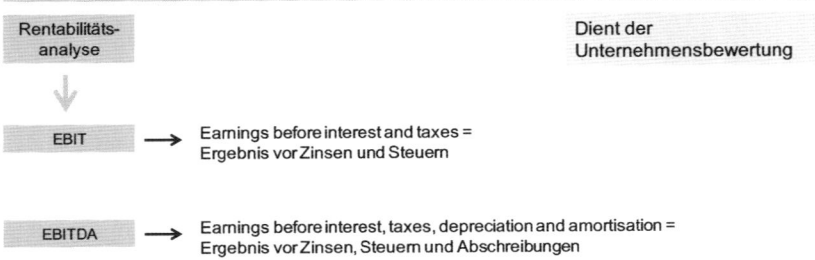

(117) Erfolgswirtschaftliche Kennzahlen – Rentabilität (2)

Rentabilitäts-
analyse   Dient der
                                             Unternehmensbewertung

EBIT → Earnings before interest and taxes = Ergebnis vor Zinsen und Steuern

EBITDA → Earnings before interest, taxes, depreciation and amortisation = Ergebnis vor Zinsen, Steuern und Abschreibungen

EBIT und EBITDA stellen das Ergebnis eines Unternehmens nach Bereinigung einiger Positionen (Zinsen, Steuern, Abschreibungen) dar.

(118) EBIT und EBITDA

Ermittlung des EBIT

Umsatz

+ sonstige Erträge

-   Materialaufwand

-   Personalaufwand

-   Abschreibungen

-   Sonstiger betriebl. Aufwand

+ Erträge aus Finanzanlagen

= EBIT

+ Abschreibungen

= EBITDA

Der **Cashflow** bereinigt den Jahresüberschuss um nicht zahlungswirksame Aufwendungen (werden hinzugerechnet) und nicht zahlungswirksame Erträge (werden abgezogen). Der reine Geldfluss wird betrachtet, um die Liquidität aus dem
operativen Geschäft zu beurteilen. Im Unterschied zum Ergebnis eines Unternehmens, das sich aus Ertrag – Aufwand ergibt, zeigt der Cashflow die Zahlungsfähigkeit des Unternehmens. Er lässt sich auch ermitteln, indem man den
Gewinn um die Abschreibungen und den sonstigen betrieblichen Aufwand
erhöht. Abschreibungen sind die Wertminderungen der Vermögensgegenstände
(Gebäude, Maschinen), die als Aufwand in der GuV verrechnet werden.

(119) Operativer Cash Flow

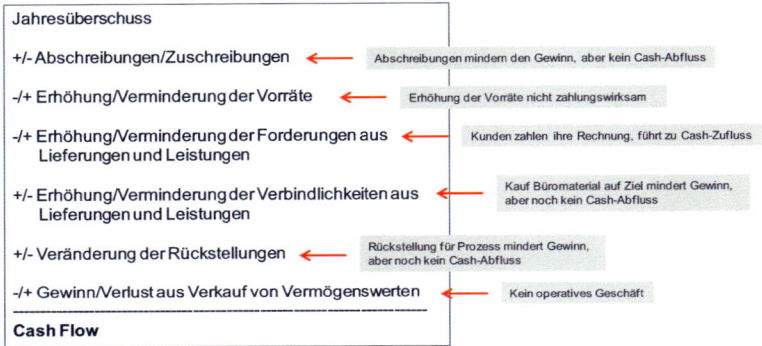

Liquidität aus dem operativen Geschäft (Innenfinanzierungskraft)

Jahresüberschuss

+/- Abschreibungen/Zuschreibungen ← *Abschreibungen mindern den Gewinn, aber kein Cash-Abfluss*

-/+ Erhöhung/Verminderung der Vorräte ← *Erhöhung der Vorräte nicht zahlungswirksam*

-/+ Erhöhung/Verminderung der Forderungen aus ← *Kunden zahlen ihre Rechnung, führt zu Cash-Zufluss*
    Lieferungen und Leistungen

+/- Erhöhung/Verminderung der Verbindlichkeiten aus ← *Kauf Büromaterial auf Ziel mindert Gewinn, aber noch kein Cash-Abfluss*
    Lieferungen und Leistungen

+/- Veränderung der Rückstellungen ← *Rückstellung für Prozess mindert Gewinn, aber noch kein Cash-Abfluss*

-/+ Gewinn/Verlust aus Verkauf von Vermögenswerten ← *Kein operatives Geschäft*

Cash Flow

Auswertung der Kennzahlen

Die ermittelten Kennzahlen werden im Periodenverlauf miteinander verglichen und machen Verbesserungen oder Verschlechterungen deutlich (Wöhe und Döring 2013). Viele Kennzahlen gehen in die Budgetplanung ein und ein Soll-/Ist-Vergleich macht die Abweichungen zur Planerfüllung deutlich. Einige Kennzahlen lassen sich mit anderen Unternehmen vergleichen.

Allerdings hat die Bilanzanalyse auch ihre **Grenzen**. Eine Bilanz ist immer ein Rückblick und eine Stichtagsbetrachtung, die aktuelle Situation des Unternehmens kann sich geändert haben. Andere wichtige Themen z. B. die Qualität der Mitarbeiter oder das Potenzial der Forschungs- und Entwicklungsabteilung werden nicht abgebildet. Im Ermessensspielraum des Bilanzerstellers liegen weitere Grenzen der Analyse, z. B. das Vorhandensein von stillen Reserven und die Anwendung des Vorsichtsprinzips bei der Bewertung (Wöhe und Döring 2013).

(120) Grenzen der Bilanzanalyse

Vollständigkeit	Primär Rückblick	Subjektiv
• Potenzial F&E • Qualität Mitarbeiter _Information_ • Qualität Führung _fehlt_ • Stellung im Markt	• Rückwärtsanalyse • Zukunft offen	• Vorsichtsprinzip • Stille Reserven • Inhalt Lagebericht

Die Bilanzanalyse liefert aber Indikatoren, die einen groben Rückschluss auf den Unternehmenszustand zulassen, zumal wenn mehrere Indikatoren in die gleiche Richtung weisen (Wöhe und Döring 2013). Zudem ist ein Quick-Check der Indikatoren deutlich schneller und mit weniger Aufwand verbunden, als eine detaillierte Bilanzanalyse.

(121) Quick-Check Jahresabschluss

Grobe Indikatoren für Unternehmenszustand

Anzeichen	stark	schwach
AfA	degressiv	linear
Rückstellungen	Abo.ung	Auflösung
F&E Aufwand	hoch, konstant	niedrig, abnehmend
Kostenaktivierung	nein	ja
Quelle Dividende	aktueller Gewinn	Rücklagen
Marktanteil	steigend	sinkend
Durchschnittspreise	hoch, steigend	niedrig, sinkend

4.5   Kosten- und Leistungsrechnung

Die **Kostenrechnung** ist der Kern des internen Rechnungswesens. Sie dient dem Management als Informations- und Führungsinstrument (Wöhe und Döring 2013). Hier werden die im Rahmen der betrieblichen Leistungserstellung anfallenden Kosten systematisch erfasst.

(122) Kosten- und Leistungsrechnung

Die Kosten- und Leistungsrechnung ist Kern des internen
Rechnungswesens:

- Informationsinstrument
- Führungsinstrument

für das Management eines Unternehmens.

Die anfallenden Kosten werden systematisch erfasst und verteilt
(zugeordnet).

Die folgenden Aufgaben erfüllt die Kosten- und Leistungsrechnung im Unternehmen:

- **Planung** der Prozesse im Unternehmen
- **Kontrolle** der Prozesse
- **Dokumentation** und Abbildung der Prozesse.

(123) Aufgaben der Kosten- und Leistungsrechnung

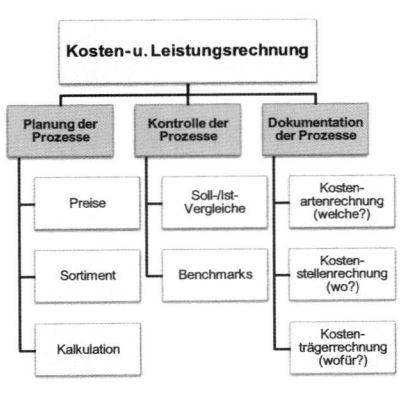

Inhalte:
- Ermittlung Selbstkosten eines Produktes
- Produktion oder Zukauf eines Produktes
- Prioritäten bei Engpässen
- Kalkulation des Verkaufspreises
- Informationsgrundlage für Entscheidungen
- Abgleich Ist/Planung
- Vergleich im Zeitablauf (Entwicklung)
- Vergleich mit Anderen
- Ansatzpunkte zur Optimierung
- Wo sind Kostenschwerpunkte im Unternehmen
- Ansätze zur Kostensenkung
- Begriffe: Kosten/Leistungen

Die Kosten- und Leistungsrechnung (KuL) hilft bestimmte Frage im Unternehmen zu beantworten. Sie gibt Auskunft hinsichtlich der möglichen Preisstellung eines Produktes, Informationen über die mögliche Zusammensetzung des Produktsortiments und hilft bei der Entscheidung, ob ein Produkt selbst produziert oder zugekauft werden soll (Make-or-Buy-Entscheidung).

Bei den Controlling-Aufgaben (Soll-/Ist-Vergleiche) liefert die KuL die Basisdaten und zeigt auf, ob sich ein Unternehmen in bestimmten Bereichen im Zeitablauf verbessert oder verschlechtert hat und die geplanten Ziele erreicht. Zudem ermöglicht sie Vergleiche mit Unternehmen aus der gleichen oder einer anderen Branche.

4.5.1   Einzel- und Gemeinkosten

Bei der Unterscheidung der Kosten nach der Art ihrer Verrechnung ergeben sich **Einzelkosten,** die direkt und verursachungsgerecht einem Kostenträger (Produkt, Projekt) zugerechnet werden können, da sie bei der Produktion dieses Produktes direkt erfasst werden können und **Gemeinkosten,** die für mehrere Kostenträger anfallen und über einen Umlageschlüssel verteilt bzw. zugerechnet werden (Achleitner und Thommen 2012). Einzelkosten sind z. B. Materialkosten oder Akkordlöhne.

Gemeinkosten dagegen lassen sich nicht verursachungsgerecht einem Produkt zuordnen, sie werden insgesamt im Unternehmen verursacht, z. B. Miete, Zinsen und Managementgehälter (Wöhe und Döring 2013).

(124) Einzel- und Gemeinkosten

Einzelkosten	Gemeinkosten
Lassen sich einem Kostenträger direkt, verursachungsgerecht zuordnen, z. B.:	Lassen sich nicht direkt, verursachungsgerecht einem Kostenträger zuordnen. Werden im Unternehmen insgesamt verursacht, z. B.:
Materialkosten	**Miete**
Akkordlöhne	**Abschreibungen auf AV**
Produktausstattungen	**Zinsen**
	Gehälter Management

Zuordnung zunächst auf Kostenstellen, dann über Umlage auf Kostenträger

Gemeinkosten können nach unterschiedlichen Verteilungsschlüsseln einem Produkt zugeordnet werden (Achleitner und Thommen 2012). Zu berücksichtigen sind die Auswirkungen auf die Summe aller Kosten des Produktes, die bei der Preiskalkulation eine Rolle spielen. Nach dem **Tragfähigkeitsprinzip** werden die Gemeinkosten nicht mit gleichen Anteilen auf die Produkte verteilt. Es wird berücksichtigt, dass einige Produkte einen höheren Preis oder Deckungsbeitrag haben und in der Lage sind, einen höheren Anteil an den Gemeinkosten zu tragen. Bei einer Verteilung nach dem **Durchschnittsprinzip** werden die Gemeinkosten durch die Anzahl der produzierten Produkte geteilt und jedes Produkt erhält den gleichen Gemeinkostenanteil, unabhängig von Preis oder Deckungsbeitrag. Unterscheiden sich Preis oder Deckungsbeitrag der Produkte deutlich, kommt es dabei zu „Ungleichgewichten" in der Tragfähigkeit.

(125) Verrechnung der Gemeinkosten

Tragfähigkeitsprinzip	Durchschnittsprinzip
Nach Preis der Produkte	Gleicher Anteil für alle
Nach Deckungsbeitrag der Produkte	Nach Stückzahlen

4.5.2 Kostenarten-, Kostenstellen-, Kostenträgerrechnung

Damit alle Kosten im Unternehmen erfasst und zugeordnet werden können, werden die **Kostenartenrechnung, Kostenstellenrechnung** und **Kostenträgerrechnung** genutzt (Wöhe und Döring 2013).

- **Die Kostenartenrechnung** gibt Informationen, welche Kosten im Unternehmen vorhanden sind. Kostenarten sind z. B. Treibstoffe, Bewirtung, Personal.
- **Die Kostenstellenrechnung** zeigt, wo die Kosten angefallen sind. Kostenstellen sind z. B. Marketing, Vertrieb, Produktion.
- **Die Kostenträgerrechnung** zeigt, wofür bei der Leistungserstellung die Kosten angefallen sind. Eine Maschine ist z. B. ein Kostenträger.

Um diese Aufgaben erfüllen zu können, gilt bei der Verbuchung der Kosten das **Verursachungsprinzip.** Die Kosten sollen dem Objekt zugerechnet werden, das sie verursacht hat (Achleitner und Thommen Achleitner and Thommen 2012).

(126) Kostenrechnungen

Kostenarten	Kostenstellen	Kostenträger
„Welche Kosten sind angefallen?"	„Wo sind die Kosten angefallen?"	„Wofür sind die Kosten angefallen?"
z. B. Treibstoff Büromaterial Bewirtung Lohn Material Altersversorgung	z. B. Marketing Vertrieb Produktion Entwicklung Werkschutz Materiallager	z. B. Verpackungsmaschine Produkt Smartphone Projekt „Zukunft"

Verursachungsprinzip: Kosten werden dem „Verursacher" zugerechnet

Wichtige Funktion im Budgetierungsprozess (Planung der Kosten für die nächste Periode) und dem Soll-/Ist-Vergleich.

Die drei Instrumente haben eine wichtige Funktion bei der Planung eines Unternehmens für die folgende Periode (Geschäftsjahr) und bei der Kontrolle der Zielerreichung.

Kostenarten

Kosten können nach unterschiedlichen Gesichtspunkten systematisiert und in Kostenarten unterteilt werden (Wöhe und Döring 2013).

(127) Kostenarten

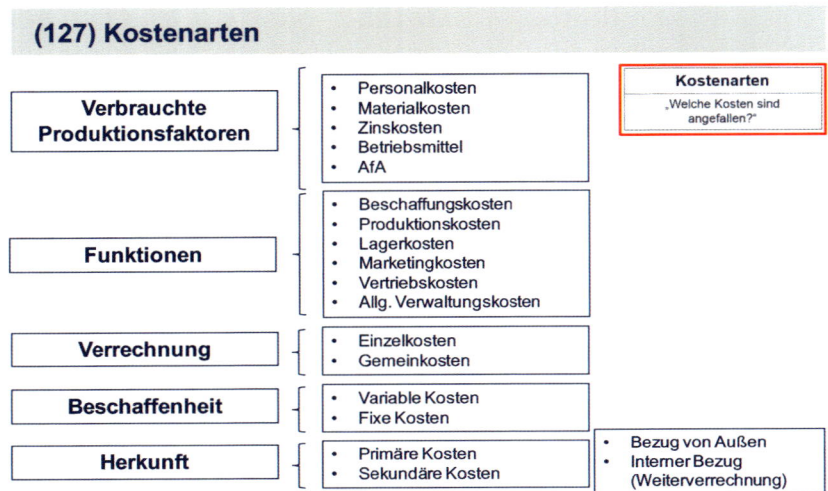

- **Primärkosten** sind Kosten, die durch externen Bezug von Produktionsfakto-ren (z. B. Rohstoffe) entstehen.
- **Sekundärkosten** entstehen durch innerbetriebliche Leistungen (z. B. Essens-zuschuss in der Kantine) (Achleitner und Thommen 2012).

Eine Reihe von **Einflussfaktoren** haben Auswirkungen auf die Höhe der jeweili-gen Kosten (Achleitner und Thommen 2012). Die Preise für Materialien und die Höhe der Löhne und Gehälter wirken sich auf die Kosten aus. Maschinenlauf-zeiten und -kapazitäten beeinflussen die Kosten ebenso wie das Produktionspro-gramm, die Kosten für die Verwaltung und das Marketing eines Unternehmens.

(128) Einflussfaktoren auf die Kosten

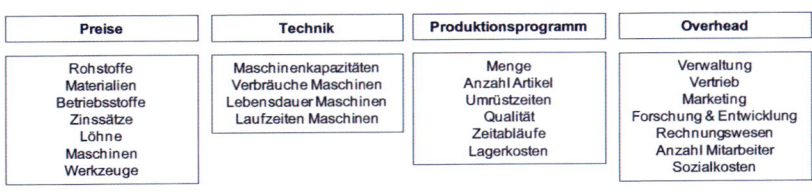

Am Beispiel der **Personalkosten** wird dies deutlich. Sie setzen sich aus den Löhnen der Arbeiter und den Gehältern der Angestellten zusammen. Auf beide wirken sich die gesetzlichen und die freiwilligen Sozialleistungen aus.

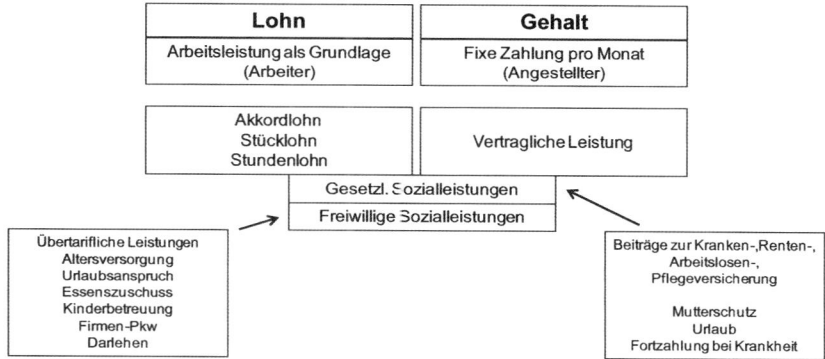

(129) Personalkosten

Kostenstellen

Mithilfe der Kostenstellen werden die nicht direkt zurechenbaren Gemeinkosten gesammelt, um sie dann weiter zu verteilen bzw. zuzuordnen. Kostenstellen sind z. B. Marketing, Vertrieb oder der Werkschutz (Wöhe und Döring 2013).

(130) Kostenstellen

Kostenstellen
„Wo sind die Kosten angefallen?"

Kostenstellen sind quasi das Bindeglied zwischen den

Kostenarten und den Kostenträgern.

Gemeinkosten werden dort „gesammelt" und verteilt.

Kostenarten	Kostenstellen	Kostenträger
„Welche Kosten sind angefallen?"	„Wo sind die Kosten angefallen?"	„Wofür sind die Kosten angefallen?"
z. B. Treibstoff Büromaterial Bewirtung Lohn Material Altersversorgung	z. B. Marketing Vertrieb Produktion Entwicklung Werkschutz Materiallager	z. B. Verpackungsmaschine Produkt Smartphone Projekt „Zukunft"

Bildung

Kostenstellen:

- **Abteilungen**
- **Produkte**
- **Funktionen**
- **Räume/Orte**

Kostenträger

Die Kostenträger, für die die Kosten angefallen sind, erhalten ihre Kosten aus der direkten Zuordnung durch die Kostenartenrechnung (Einzelkosten) und über die Verteilung der Kosten aus der Kostenstellenrechnung (Gemeinkosten). Die Kostenträgerrechnung wird auch als Kalkulation bezeichnet (Wöhe und Döring 2013).

(131) Kostenträger

Kostenträger
„Wofür sind die Kosten angefallen?"

Kostenträgerrechnung dient zur Ermittlung der

Herstell- und Selbstkosten einer Einheit (Produkt).

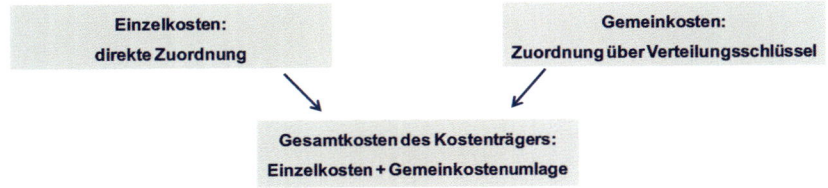

Einzelkosten:	Gemeinkosten:
direkte Zuordnung	Zuordnung über Verteilungsschlüssel

Gesamtkosten des Kostenträgers:

Einzelkosten + Gemeinkostenumlage

4.5.3   Kalkulation

Am Beispiel der **Kalkulation** des Verkaufspreises für ein Produkt werden die verschiedenen Kalkulationsstufen deutlich (Achleitner und Thommen 2012).

(132) Kalkulationsbeispiel

Bestandteile	Zuschlagssatz	Euro	Summe Euro
Materialkosten (Einzelkosten)		200	
Materialkosten (Gemeinkosten)	20 %	20	
Summe Materialkosten			**220**
Fertigungsstufe A (Lohn)		50	
Fertigungsstufe B (Lohn)		20	
Fertigungskosten (Gemeinkosten)	15 %	10	
Summe Fertigungskosten			**80**
Summe Herstellkosten Produkt			**300**
Umlage Verwaltung	10 %	50	
Umlage Vertrieb/Marketing	15 %	80	
Summe Umlagen V/V+M			**130**
Selbstkosten Produkt			**430**
Zuschlag Gewinn	20 %	86	
Verkaufspreis Produkt			**516**

Selbstkosten: 430 Euro

Preisuntergrenze:
var. Stückkosten 270 Euro

Deckungsbeitrag:
Stückerlös – var. Stückkosten
246 Euro

Im Rahmen einer **Vollkostenrechnung** werden sowohl die fixen, als auch die variablen Kosten verrechnet, bei einer **Teilkostenrechnung** werden nur die variablen Kosten berücksichtigt (Vahs und Schäfer-Kunz 2015).

Für Großaufträge gibt es in der Regel keine Preisliste, aus der sich die Preise für ein Angebot ermitteln lassen, da die Bestandteile des Auftrages oder das Produkt selbst kundenspezifisch angefragt werden. Im Rahmen einer **Vorkalkulation** werden mit geplanten Kosten dafür individuell die Angebotspreise ermittelt und im Rahmen einer **Nachkalkulation** die Preise mit den tatsächlichen Werten geprüft (Wöhe und Döring 2013).

(133) Vor- und Nachkalkulation

Vorkalkulation	Nachkalkulation
Ermittlung der Selbstkosten auf Basis der Plankosten.	Ermittlung der Selbstkosten auf Basis der tatsächlich entstandenen Kosten.
Grundlage für Angebotspreise.	Abgleich Soll/Ist.

4.6 Buchungssatz

Die Buchungen im Unternehmen erfolgen immer nach dem Prinzip der **doppelten Buchführung** (auch Doppik). Nach diesem Prinzip wird eine Buchung immer auf zwei Konten (Konto und Gegenkonto) in gleicher Höhe erfolgen, einmal auf der Sollseite und einmal auf der Haben-Seite. Damit wird erstens eine lückenlose Erfassung aller Vorgänge gewährleistet und zweitens der Abgleich von Bilanz und GuV gesichert (Hufnagel und Burgfeld-Schächer 2016).

(134) Buchungssatz

Prinzip der „doppelten Buchführung" (Doppik)

- **Verbuchung auf zwei Konten: Konto/Gegenkonto**
- **Mit gleichem Betrag**
- **Verbuchung Soll- und Habenseite**

Lückenlose Erfassung
Abgleich Bilanz/GuV

„Soll an Haben"

- **zuerst das Konto mit der Soll-Buchung**
- **dann Konto mit Haben-Buchung**
- **vor dem Betrag steht jeweils das Gegenkonto**

(135) Beispiel Buchungssätze

Geschäftsvorfall 1:

Kauf von Waren im
Wert von 3.000 Euro
auf Ziel

Buchungssatz:
Waren an
Verbindlichkeiten 3.000
Euro

Aktives Bestandskonto Waren		Passives Bestandskonto Verbindlichkeiten	
Soll	**Haben**	**Soll**	**Haben**
Anfangsbestand			Anfangsbestand
+ Verbindlichkeiten 3.000			+ Waren 3.000

Geschäftsvorfall 2:

Tilgung Darlehen mit
10.000 Euro

Buchungssatz:
Darlehen an Bank
10.000 Euro

Aktives Bestandskonto Bank		Passives Bestandskonto Darlehen	
Soll	**Haben**	**Soll**	**Haben**
Anfangsbestand			Anfangsbestand
	- Darlehen 10.000	- Bank 10.000	

4.7   Übungen zu Betriebliches Rechnungswesen

(136) Übung Rechnungswesen

Einzahlungen/Auszahlungen

Veränderung von:
Kassenbestand
+ Bankguthaben
= **Zahlungsmittelbestand**

Einnahmen/Ausgaben

Veränderung von:
Zahlungsmittelbestand
+ Forderungen
-    Verbindlichkeiten
= **Geldvermögen**

Aufwand/Ertrag

Veränderung von:
Geldvermögen
+ Sachvermögen
= **Reinvermögen**

Verkauf Maschine über Buchwert

Barzahlung einer Lieferantenrechnung

Verkauf Maschine zum Buchwert auf Ziel

Lagerhalle brennt ab, keine Versicherung

Aufnahme Bankkredit, Zahlung auf Konto

Kauf von Rohstoffen auf Ziel

Kauf Maschine, Sofortüberweisung

(137) Übung Bilanz

Erstellen Sie aus den Bilanzpositionen eine Bilanz

Aktiva	Passiva

A. Anlagevermögen (AV)
1. Immaterielle Vermögens-
    Gegenstände
2. Sachanlagen
3. Finanzanlagen
 	
B. Umlaufvermögen (UV)
1. Vorräte
2. Forderungen
3. Kassenbestand, Konten
	A. Eigenkapital (EK)
	1. Gezeichnetes Kapital
	2. Kapitalrücklage
	3. Gewinn-/Verlustvortrag
	
	B. Verbindlichkeiten
	1. Verbindlichkeiten
	    ggü. Banken
	2. Verbindlichkeiten aus
	    Lieferungen und Leistungen

Bilanzsumme	Bilanzsumme

1.	Kredit von Bank 1	20.000.-	10.	Kapitalrücklage	500.000.-
2.	Fertigprodukte auf Lager	3.500.-	11.	Forderungen an Kunde 1	50.000.-
3.	Grundstück	300.000.-	12.	Patent	20.000.-
4.	Schulden aus Liefervertrag	5.000.-	13.	Nägel, Schmierstoffe	1.100.-
5.	Gewinn aus Geschäftsjahr	100.-	14.	Maschinen	250.000.-
6.	Halbfertigprodukte auf Lager	2.500.-	15.	Forderungen aus Verkauf Produkte	150.000.-
7.	Kassenbestand	25.000.-	16.	Aktien an Unternehmen	100.000.-
8.	Darlehen von Bank 2	200.000.-	17.	Beteiligungen	73.000.-
9.	Gezeichnetes Kapital	250.000.-			

(138) Übung Bewertungsmaßstäbe

Richtige oder falsche Bewertungsansätze?

Ein Grundstück wurde zu 50.000 Euro gekauft. Am Bilanzstichtag hat es einen Wert von 70.000 Euro. Vorsichtshalber wird das Grundstück mit 60.000 Euro angesetzt.

Waren wurde für 10.000 Euro gekauft. Am Bilanzstichtag haben die Waren einen Wert von 8.000 Euro.
Ansatz: 9.000 Euro
Ansatz: 8.000 Euro
Ansatz: 10.000 Euro

Produkte im Wert von 1.000 US-Dollar werden ins Ausland auf Ziel geliefert. Dollarkurs bei Lieferung 1,10 Euro, am Bilanzstichtag bei 0,90 Euro. Forderungen:
Ansatz: 900 Euro
Ansatz: 1.100 Euro

Produkte im Wert von 1.000 US-Dollar werden ins Ausland auf Ziel geliefert. Dollarkurs bei Lieferung 1,10 Euro, am Bilanzstichtag bei 1,20 Euro. Forderungen:
Ansatz: 1.200 Euro
Ansatz: 1.100 Euro

Ein deutscher Importeur erhielt aus dem Ausland Waren im Wert von 1.000 US-Dollar. Dollarkurs bei Lieferung 1,10 Euro, am Bilanzstichtag bei 0,90 Euro. Verbindlichkeiten:
Ansatz: 900 Euro
Ansatz: 1.100 Euro

(139) Übung Bilanz

1. **Für wen ist die Bilanz wichtig?**

2. **Welche Informationen enthält sie?**

3. **Warum ist der Aussagewert begrenzt?**

4. **Was gehört nicht in die Bilanz?**

(140) Übung GuV

1. **Wie hoch ist das Ergebnis?**

GuV			
Aufwendungen		**Erträge**	
Wareneinsatz	1.500	Umsatzerlöse	2.400
Personalaufwand	500	Mieterlöse	400
Aufwand Mietwohnung	200		
Abschreibung	200		
Sonstige Aufwendungen	250		

2. **Wie hoch ist das neutrale/ außerordentliche Ergebnis?**

3. **Wie hoch ist das Ergebnis der gewöhnlichen Geschäftstätigkeit?**

(141) Übung Bilanz und GuV

Quelle: Wöhe, Kaiser, Döring,
Übungsbuch zur Allg. BWL

Eröffnungs-Bilanz

Soll		Haben	
Forderungen		Eigenkapital	170
Schuldner A 20		Rückstellungen	50
Schuldner B 100	120	Verbindlichkeiten	80
Vorräte	100		
Bank	80		
	300		300

Schluss-Bilanz

Soll	Haben

GuV

Soll	Haben

Kauf Maschine für 80 gegen Überweisung.
Lineare Abschreibung über 4 Jahre

Verkauf der Hälfte der Waren für 95 auf Ziel

Schuldner B überweist Zinsen von 6

Schuldner A pleite, Insolvenzverwalter überweist 2

Prozessgewinn (Rückstellung vorhanden) von 10

Teil der Ware unbrauchbar: Schaden 12
Vorräte lt. Inventur 38

(142) Übung Konsolidierung

Welche internen Leistungsbeziehungen gibt es bei

1. **Volkswagen**

2. **Zara**

3. **Swatch**

4. **L'oréal?**

(143) Übung Bilanzpolitik

Sie sind ein Unternehmen, das Bademode produziert und verkauft.

Ihre Produktion läuft zwölf Monate, die Produkte verkaufen Sie in den Monaten April bis August an den Fachhandel.

Wie sind die einzelnen Bilanzpositionen zu den verschiedenen Stichtagen?

Bilanzstichtag	Vorräte	Forderungen	Liquidität	Verbindlichkeiten
März				
September				

(144) Übung Cash Flow

GuV	
Umsatzerlöse	2.000
+ sonstige betriebl. Erträge	+ 1.250
: Provisionserträge 950	
: Auflösung Rückstellung 300	
- Materialaufwand	- 800
- Personalaufwand	- 920
- Abschreibungen auf AV	- 580
- Rückstellung Garantie	- 130
- Zinsaufwand	- 1.000
Ergebnis	**- 180**

(145) Übung Jahresabschlussgestaltung

Das Unternehmen verfolgt die Politik, möglichst wenig Gewinn auszuweisen. Welche Maßnahmen kann das Unternehmen legal ergreifen?

GuV			
Soll		Haben	
Wareneinsatz	50	Umsatzerlöse	95
Abschreibung	20	Zinsertrag	6
Sonstiger betrieblicher Aufwand (20+12-2)	30	Sonstiger Ertrag	10
Gewinn	11		
	111		111

Kauf Maschine für 80 gegen Überweisung. Lineare Abschreibung über 4 Jahre
Verkauf der Hälfte der Waren für 95 auf Ziel
Schuldner B überweist Zinsen von 6
Schuldner A pleite, Insolvenzverwalter überweist 2
Prozessgewinn, Rückstellung von 10 gebildet
Teil der Ware unbrauchbar: Schaden 12 Vorräte lt. Inventur 38

(146) Übung Kostenumlage

Wie können Gemeinkosten auf einzelne Produkte umgelegt werden?

Wo liegen Gefahren der Kostenumlage?

(147) Übung Kalkulation

Kleine Boutique

Basisdaten:
- **Miete 1.000 Euro/p.m.**
- **Kosten T-Shirt 5 Euro**
- **Preis T-Shirt 10 Euro**
- **Absatz 400 Stück p.m.**

Ergebnis p.m.

Durchschnittskosten:

Discounter bietet T-Shirt für 7 Euro als zeitlich begrenzte Aktion an.

Was tun?

Ergebnis bei Preis 7 Euro

Preisuntergrenze:

Deckungsbeitrag:

(148) Übung Kosten

Sie sind Hersteller hochwertiger Textilien.

Welche Kosten werden Sie in der Kalkulation des Verkaufspreises für die T-Shirts Ihrer brandneuen Kollektion berücksichtigen?

Literatur

Achleitner A-K, Thommen J-P (2012) Allgemeine Betriebswirtschaftslehre, 7. Aufl. Springer Gabler, Wiesbaden

Aktiengesetz (2016) 46. Aufl. Beck Texte DTV, München

Handelsgesetzbuch (2017) 60. Aufl. Beck Texte DTV, München

Heinemeier H, Hermsen J, Limpke P, Jecht H (2011) Groß im Handel, 4. Aufl. Winkler, Braunschweig

Hufnagel W, Burgfeld-Schächer B (2016) Einführung in die Buchführung und Bilanzierung, 8. Aufl. NBW-Verlag, Herne

Vahs D, Schäfer-Kunz J (2015) Einführung in die Betriebswirtschaftslehre, 7. Aufl. Schäffer-Poeschel, Stuttgart

Weber W, Kabst R, Baum M (2014) Einführung in die Betriebswirtschaftslehre, 9. Aufl. Springer Gabler, Wiesbaden

Wöhe G, Döring U (2013) Einführung in die Allgemeine Betriebswirtschaftslehre, 25. Aufl. Vahlen, München

Finanzen

5

► **Lernziele dieses Kapitels**

- Planung und Controlling im Unternehmen kennenlernen
- Grundlagen von Investitionen, Investitionsrechnung und -planung vermitteln
- Methoden der Unternehmensbewertung verstehen
- Verständnis der Bedeutung und Beeinflussung von Liquidität
- Grundlagen der Finanzierung verstehen
- Bedeutung und Aufgaben des Cash Managements verstehen
- Überblick über Finanzierungsquellen vermitteln
- Bedeutung von Unternehmenszusammenschlüssen verstehen

Investition und Finanzierung hängen eng zusammen, denn jede Investition muss auch finanziert werden.

5.1 Planung und Controlling

Planung ist ein systematischer Prozess, die Erreichung der definierten Ziele vorausschauend zu ermöglichen (Vahs und Schäfer-Kunz 2015). Alle Prozesse und Geldflüsse im Unternehmen müssen geplant werden. Alle Planungen werden über die unterschiedlichen Planungshorizonte kontrolliert und gegebenenfalls korrigiert.

© Springer Fachmedien Wiesbaden GmbH 2017
G.-I. Spindler, *Basiswissen Allgemeine Betriebswirtschaftslehre*,
DOI 10.1007/978-3-658-18630-2_5

(149) Planung

Planung ist ein systematischer Prozess, die Erreichung der definierten Ziele vorausschauend zu ermöglichen.

Die Planung in einem Unternehmen verläuft in verschiedenen Stufen. Das Unternehmen und die externen Rahmenbedingungen werden analysiert, eine Stärken-/Schwächenanalyse (**SWOT-Analyse:** Strengths – Stärken, Weaknesses – Schwächen, Opportunities – Chancen, Threats – Risiken) durchgeführt und das Portfolio (Angebot) des Unternehmens untersucht. Aus den Ergebnissen werden die Strategiepläne entwickelt, die sich in die unterschiedlichen Bereichspläne aufgliedern. Nach der Planerstellung beginnt die Umsetzung der Pläne mit konkreten Maßnahmen. Die Umsetzung wird permanent überprüft und bei Abweichungen von den Planwerten werden weitere Maßnahmen ergriffen, die zurück auf den Zielpfad führen.

(150) Planungsstufen

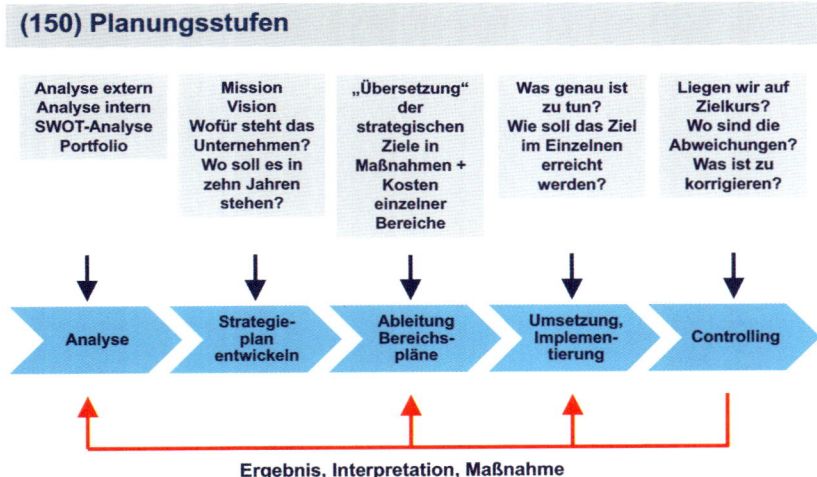

Für die Planungen im Unternehmen werden verschiedene Zeithorizonte unterschieden (Wöhe und Döring 2013).

(151) Zeithorizonte von Planungen

Operative Planung	Taktische Planung	Strategische Planung
• 12 Monate • Basis: aktuelle Situation in Richtung Strategie • Ziele • Aktivitäten • Budget	• Mittelfristige Ziele: 2 bis 5 Jahre • Basis: Zielentwicklung • Notwendige Mittel und Maßnahmen	• Aufstellung des Unternehmens in Zukunft • Basis: Entwicklungen • Übergeordnete Ausrichtung

Speziell im Budget-Prozess (Planung aller relevanten Daten für das neue Geschäftsjahr) entscheiden sich Unternehmen zwischen einer **Top-Down-Planung** und einer **Bottom-up-Planung** (Mülder und Lorberg 2015).

(152) Planungsmethoden

Top-Down-Planung		Bottom-up-Planung
• Unternehmensleitung gibt Ziele vor • Absatz, Umsatz, Gewinn • Abteilungen setzen diese in Teilpläne um • „Durchreichen der Ziele nach unten"		• Unternehmensziel sind bekannt • Abteilungen planen ihren Bereich • Planung wird „nach oben" aggregiert • Evtl. weiter Planungsdurchläufe

Controlling ist das permanente, koordinierte Überprüfen der Planerreichung, verbunden mit Informationen, wie die Ziele bei Abweichungen von der Planung dennoch erreicht werden können (Achleitner und Thommen 2012).

(153) Controlling

Controlling ist das permanente, koordinierte Überprüfen der Planerreichung, verbunden mit Informationen, wie die Ziele bei Abweichungen von der Planung dennoch erreicht werden können.

Daraus ergeben sich die Aufgaben des Controllings: Planung, Kontrolle, Information und Vorschläge zur Zielerreichung, wenn Abweichungen festgestellt werden.

(154) Aufgaben des Controllings

Aufgaben des Controllings

- **Planung (Vorbereitung, Prämissen, Teilpläne, Zusammenfassung)**
- **Kontrolle (Identifikation Zielabweichung)**
- **Information (Berichtswesen an Management)**
- **Vorschläge zur Zielerreichung/Optimierung**

Damit geht der Begriff Controlling deutlich weiter als der einer Kontrolle, der sich auf das Erkennen von Abweichungen zwischen den Plan- und Istwerten beschränkt.

5.2   Investition

Unter einer **Investition** versteht man die Umwandlung von Kapital in einen Vermögensgegenstand, bzw. die geplante Auszahlung mit dem Ziel einer höheren Einzahlung (Wöhe und Döring 2013).

(155) Investition

Investition ist die Umwandlung von Kapital in einen Vermögensgegenstand

bzw.

die geplante Auszahlung mit dem Ziel eine höhere Einzahlung zu generieren.

Investitionen sind für ein Unternehmen wichtig, um sich zukunftsfähig aufzustellen. Investiert werden kann in das Anlagevermögen (Maschinen, Fuhrpark, Gebäude, Beteiligungen), in das Umlaufvermögen (Materialien, Vorräte) und in Information und Wissen bzw. Know-how.

(156) Investitionsobjekte

Investition in

- **Anlagevermögen**
  - Maschinen
  - Fuhrpark
  - Gebäude
  - Beteiligungen
- **Umlaufvermögen**
  - Materialien
  - Vorräte
- **Informationen und Wissen**

Generell unterscheidet man nach der Art einer Investition zwischen **Sachinvestition, Finanzinvestition** und **immaterielle Investition**. Investiert werden kann in den Ersatz einer Maschine (Ersatzinvestition), in eine neue, effizientere Maschine (Rationalisierungsinvestition) oder in ein neues Geschäftsfeld (Diversifikationsinvestition) (Achleitner und Thommen 2012; Vahs und Schäfer-Kunz 2015).

(157) Art und Zweck von Investitionent

Investitionen werden in der Regel langfristig geplant und konkurrieren mit anderen Budgets im Unternehmen.

(158) Investitionsquote

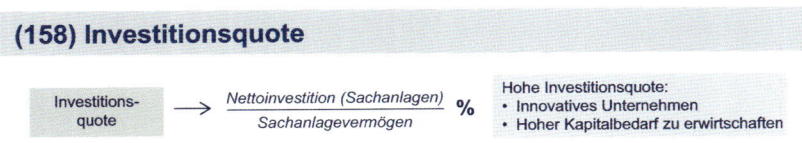

Investitions-
quote

$\longrightarrow$ $\dfrac{\text{Nettoinvestition (Sachanlagen)}}{\text{Sachanlagevermögen}}$ %

Hohe Investitionsquote:
• Innovatives Unternehmen
• Hoher Kapitalbedarf zu erwirtschaften

Investitionen:

• **werden langfristig geplant (Ausnahme Ersatzinvestition bei Ausfall)**

• **Festlegung Investitionsbudget in der Budgetplanung**

• **Wettbewerb mit anderen Budgets**

• **Aufschluss über Zukunftsfähigkeit**

Die Investitionsplanung beginnt analog den Planungsstufen mit der Analyse der internen und externen Situation. Das Produktportfolio und die Unternehmensstrategie bestimmen die Inhalte der nächsten Schritte. Das Investitionsziel wird festgelegt, daraus ergibt sich die Investitionsmaßnahme. Sobald die notwendigen Mittel für die Investition bereitgestellt worden sind, kann mit der Umsetzung begonnen werden. Auch in der Investitionsplanung schließt sich ein Controlling aller Größen und Maßnahmen an.

(159) Investitionsplanung

Das Investitionsbudget eines Unternehmens (s. Abschn. 4.4 Bilanzpolitik und Bilanzanalyse) gibt Aufschluss über die Zukunftsfähigkeit eines Unternehmens.

Ein im Zeitvergleich abnehmendes Investitionsbudget, kann einen Hinweis auf Probleme im Unternehmen geben.

Mit der **Investitionsrechnung** werden den notwendigen Kosten die zukünftigen Erträge gegenübergestellt.

(160) Investitionsrechnung

Die Investitionsrechnung soll die finanzielle Auswirkung

(Einzahlung/Auszahlung)

einer Investition prognostizieren,

um eine Investitionsentscheidung treffen zu können.

Ist die Investition günstiger als die Nicht-Investition?

Bei der Investitionsrechnung werden **statische Verfahren** und **dynamische Verfahren** unterschieden. Das statische Verfahren vereinfacht die Rechnung hinsichtlich einzelner Prognosedaten (Dauer, Höhe, Zeitpunkte) (Weber et al. 2014).

(161) Investitionsrechnung - Verfahren

Statisches Verfahren		Dynamisches Verfahren		Relevante Daten
Keine Berücksichtigung der zeitlichen Komponente		Zahlungsströme über gesamte Nutzungsdauer		Einzahlung Auszahlung Investitionsdauer Betriebskosten Kapitalkosten Liquidationserlös
Kostenvergleichsrechnung		Kapitalwertmethode		
Gewinnvergleichsrechnung		Annuitätenmethode		
Rentabilitätsvergleichsrechnung		Methode des internen Zinsfußes		
Amortisationsvergleichs- rechnung				
+ schneller, weniger Aufwand, einfacher	- ungenauer	+ genauer, detaillierter	- höherer Aufwand	

Bei den statischen Verfahren geht es primär um eine ja/nein-Entscheidung für eine Investition oder zwischen mehreren Investitionsobjekte.

Zu den statischen Verfahren zählen die Kostenvergleichsrechnung, die Gewinnvergleichsrechnung, die Rentabilitätsrechnung und die Amortisationsrechnung (Achleitner und Thommen 2012).

(162) Investitionsrechnung: statische Verfahren

Vergleich zweier/mehrerer Objekte/-ja/nein-Investition

Kostenvergleichsrechnung	Gewinnvergleichsrechnung
Vergleich der Kosten	Vergleich der Gewinne
Erlös bleibt unberücksichtigt	Kosten und Erlöse werden berücksichtigt

Rentabilitätsvergleichsrechnung	Amortisationsrechnung
Vergleich der Rentabilität	Ermittlung der Dauer der Kapitalrückzahlung
Kapitaleinsatz wird berücksichtigt	Pay-back-/Pay-off-Methode

Kritik:
Zeitliche Komponente für Ein-/Auszahlung fehlt
Nur Durchschnittswerte
Kosten undifferenziert
Nutzungsdauer unberücksichtigt
Innerbetriebliche Abhängigkeiten
unberücksichtigt

Bei den dynamischen Verfahren werden die Kapitalwertmethode, die Annuitätenmethode und die Methode des internen Zinsfußes unterschieden. Bei diesen Verfahren wird berechnet, wie viel eine Zahlung in späteren Jahren heute wert ist. Dies wird als Abzinsung oder Diskontierung bezeichnet (Achleitner und Thommen 2012).

(163) Investitionsrechnung: dynamische Verfahren

Zukünftige Zahlungen auf einen früheren Zeitpunkt vergleichbar machen

Kapitalwertmethode	Annuitätenmethode
Differenz aller zurechenbaren Ein- und Auszahlungen (Zins, Zeitraum)	Modifikation Kapitalwertmethode
Bewertung Vermögenszuwachs	Umwandlung Vermögenszuwachs in gleichbleibende Periodenzahlungen (Rente)

Methode des internen Zinsfußes
Berechnung der Kapitalverzinsung
Ziel: Interner Zinssatz > Kapitalzinsfuß

Abzinsung (Diskontierung):
Wie viel ist eine Zahlung in xy-Jahren heute wert?
Entgangene Zinsen
Barwert

Kritik:
Nicht alle Informationen verfügbar
Zurechnung der Ein-/Auszahlungen
Aufwendiges Verfahren

5.3   Unternehmensbewertung

Eine Investition kann auch ein Firmenkauf oder eine Beteiligung an einem anderen Unternehmen sein.

(164) Gründe für eine Unternehmensbewertung

Gründe für eine Unternehmensbewertung

- **Kauf/Verkauf**
- **Fusion**
- **Beteiligung**
- **Verschmelzung**
- **Gründung Joint Venture**

Vor einem Kauf muss das Zielobjekt bewertet werden. Meist liegen genaue Daten vom Unternehmen (Bilanzen, Absatzzahlen etc.) in einem sogenannten Datenraum vor, der nach Anmeldung für Interessenten zugänglich gemacht wird. Eine **Unternehmensbewertung** (Achleitner und Thommen 2012) wird meist subjektiv sein, da Verkäufer und Käufer unterschiedliche Meinungen und Erwartungen zu bzw. an die zukünftige Entwicklung des Kaufobjekts haben werden. Eine Unternehmensprüfung wird auch als **Due-Diligence-Prüfung** („mit gebotener Sorgfalt") bezeichnet.

Im Rahmen einer Unternehmensbewertung wird der Käufer einige Fragen beantwortet haben wollen, die sich mit dem Wert des zu kaufenden Unternehmens und mit den möglichen Synergien (Einsparungspotenziale) durch das Zusammenlegen der Unternehmen von Käufer und Verkäufer befassen. Beide Unternehmen werden eine Personalabteilung, eine Buchhaltung und eine Vertriebsmannschaft haben, die jeweils zusammengelegt werden könnten. Durch das Zusammenfassen von Materialbestellungen lassen sich in der Regel günstigere Konditionen bei den Lieferanten verhandeln (Mülder und Lorberg 2015). Bei Unternehmenskäufen werden meistens externe Wirtschaftsprüfer oder Rechtsanwälte mit den Aufgaben Beratung, Vermittlung und Argumentation einbezogen.

(165) Unternehmensbewertung

Fragen

- Was ist das Unternehmen heute und in Zukunft wert?
- Lohnt sich die Investition?
- Passen die Unternehmen zusammen?
- Wie hoch sind die Synergien?
- Was will der Verkäufer haben?
- Was ist es mir wert?

Funktionen

- Beratungsfunktion
- Vermittlungsfunktion
- Argumentationsfunktion

Due Diligence Prüfung („mit gebotener Sorgfalt")

Datenraum bei Notar oder Verkäufer

Zur Bewertung setzt sich die in den USA entwickelte **DCF-Methode** (Discounted Cashflow) durch. Bei der DCF-Methode wird der freie Cashflow über einen zukünftigen Zeitraum ermittelt. Damit wird für einen Käufer (Kapitalgeber) seine Kapitalrendite beim Kauf des Unternehmens ersichtlich (Wöhe und Döring 2013).

(166) Discounted Cash-Flow-Methode (DCF-Rechnung)

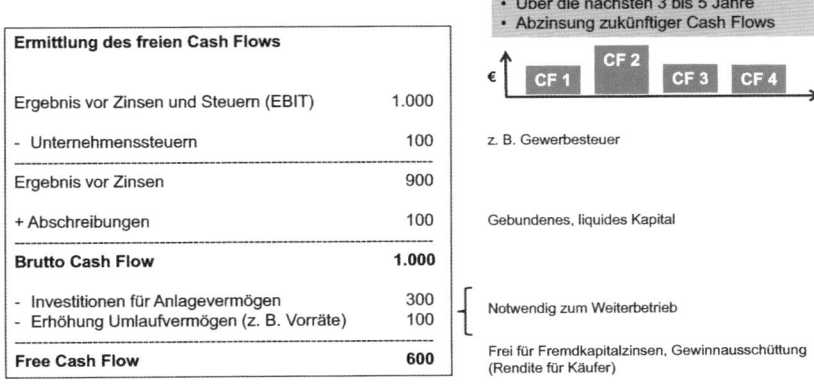

- Orientierung an zukünftigen Überschüssen
- Über die nächsten 3 bis 5 Jahre
- Abzinsung zukünftiger Cash Flows

Ermittlung des freien Cash Flows		
Ergebnis vor Zinsen und Steuern (EBIT)	1.000	z. B. Gewerbesteuer
- Unternehmenssteuern	100	
Ergebnis vor Zinsen	900	
+ Abschreibungen	100	Gebundenes, liquides Kapital
Brutto Cash Flow	**1.000**	
- Investitionen für Anlagevermögen	300	Notwendig zum Weiterbetrieb
- Erhöhung Umlaufvermögen (z. B. Vorräte)	100	
Free Cash Flow	**600**	Frei für Fremdkapitalzinsen, Gewinnausschüttung (Rendite für Käufer)

Die DCF-Methode berücksichtigt Besonderheiten des zu kaufenden Unternehmens und die zukünftigen Zahlungsströme und Synergien werden eingerechnet. Allerdings setzt diese Methode detaillierte Kenntnisse über das zu kaufende Unternehmen und den Cashflow voraus.

Zu einem rechnerisch ermittelten Kaufpreis werden oft Zu- und Abschläge hinzugerechnet, die die strategische Bedeutung des Unternehmens für den Käufer ausdrücken sollen. Ein solcher Zu- oder Abschlag wird als **Goodwill** bezeichnet (Achleitner und Thommen 2012).

(167) DCF-Rechnung – Pro und Contra

Dafür	Dagegen

• Orientierung an Zukunft
• Berücksichtigung Besonderheiten
• Zahlungsströme werden berücksichtigt
• Integration von Effekten möglich
  • Synergien
  • Sonderaufwendungen
	• Detaillierte Kenntnis notwendig
	• Terminierung und Höhe des Cash Flows nicht sicher

- **Zu-/Abschläge für strategische Ausrichtung wichtig**
- **Goodwill**

5.4   Finanzierung

Finanzierung ist die Bereitstellung und Freigabe finanzieller Mittel, um eine Investition tätigen zu können (Wöhe und Döring 2013).

(168) Begriff Finanzierung

Finanzierung ist die Bereitstellung und Freigabe finanzieller Mittel, um eine Investition tätigen zu können.

Ein Unternehmen benötigt finanzielle Mittel, um den Prozess der Leistungserstellung umsetzen zu können. Sie können auf dem Geldmarkt (kurz- und mittelfristig) und auf dem Kapitalmarkt (längerfristig) beschafft werden (Wöhe und Döring 2013).

(169) Finanzielle Mittel

Finanzielle Mittel werden für den Prozess der Leistungserstellung benötigt.

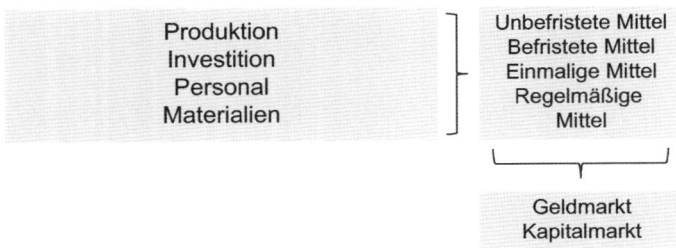

Zur Sicherstellung der **Liquidität** (Ausstattung an Zahlungsmitteln, die u. a. für Investitionen und zur Befriedigung von Zahlungsverpflichtungen dem Unternehmen zur Verfügung stehen) und um die Kapitalkosten zu minimieren, erstellt ein Unternehmen eine **Finanzplanung**, in der die Geldströme (Eingang, Ausgang) wert- und zeitmäßig geplant und koordiniert werden.

(170) Finanzplanung

Ziel der Finanzplanung (Kapitalbedarfsplanung) ist:

Kapitalkostenminimierung

Sicherung der Liquidität (Zahlungsbereitschaft)

Wahrung des finanziellen Gleichgewichts

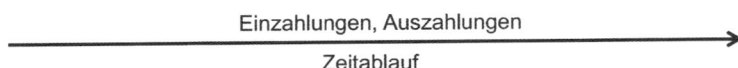

Einzahlungen, Auszahlungen

Zeitablauf

Ziel ist es, die Liquidität des Unternehmens sicherzustellen. Ein Unternehmen ist liquide, wenn es seine Zahlungsverpflichtungen fristgerecht und uneingeschränkt nachkommen kann (Wöhe und Döring 2013).

(171) Liquidität

Ein Unternehmen ist liquide, wenn es seine

Zahlungsverpflichtungen

fristgerecht und

uneingeschränkt

nachkommen kann

(Verfügbarkeit über genügend Zahlungsmittel).

Kennzahlen zur Liquidität

Bei den Kennzahlen zur Liquidität werden die liquiden Mittel (Liquidität 1. Grades) oder zusätzlich die Forderungen des Unternehmens (Liquidität 2. Grades) oder das Umlaufvermögen (Liquidität 3. Grades) in Relation zum kurzfristigen Fremdkapital (kurzfristig zu erfüllende Forderungen) gesetzt (Achleitner und Thommen 2012).

In die Finanzplanung oder auch Kapitalbedarfsplanung fließen die Aufwendungen für Rohmaterialien, Betriebsstoffe, Löhne und auch Vertriebs- und Marketingkosten ein. Auf der anderen Seite gehören die Erlöse aus dem Verkauf der Produkte und der Geldeingang bei Forderungen in diese Planung.

(172) Bestandteile der Finanzplanung

Aufwendungen für:

Personal
Material
Betriebsstoffe
Vertriebskosten
Marketingaufwendungen

Erlöse aus Verkäufen
Geldeingang aus Forderungen

Die Finanzplanung und die Liquiditätsplanung sind im Unternehmen Aufgaben des **Cash Managements**. Zu den Aufgaben gehören auch die Anlage überschüssiger Liquidität, die Beschaffung notwendiger Liquidität, die Ausnutzung von Zahlungsfristen der Lieferanten, die Verkürzung der eigenen Zahlungsziele gegenüber den Kunden, die Kontrolle des Währungsrisikos (bei internationalen

Geschäften) und das **Cash Pooling** bei Konzernen. Cash Pooling ist das Zusammenführen von Liquidität aller Tochtergesellschaften innerhalb eines Konzerns an einer Stelle (Achleitner und Thommen 2012).

(173) Aufgabe des Cash Managements

Finanzplanung

Liquiditätsplanung

Anlage überschüssiger Liquidität

Beschaffung notwendiger Liquidität

Ausnutzung der Zahlungsfristen

Verkürzung der eigenen Zahlungsziele

Kontrolle Währungsrisiko

Cash-Pooling

Alle Maßnahmen dienen dazu, das Eigenkapital des Unternehmens zu stärken. Von der Höhe des Eigenkapitals ist u. a. das Rating eines Unternehmens durch Ratingagenturen abhängig (Wöhe und Döring 2013). Ohne Eigenkapital ist es für ein Unternehmen schwerer und teurer, sich Fremdkapital auf den Kapitalmärkten zu beschaffen. Ein hohes Eigenkapital ist zudem ein Polster für ergebnisschwächere Jahre und die Bezugsgröße für Gewinn und Verlust.

(174) Bedeutung Eigenkapital

Kreditwürdigkeit (Rating)

Ohne Eigenkapital kein Fremdkapital

Vitalität (Polster für „Durststrecke")

Bezugsgröße für Zuordnung von Gewinn und Verlust

Hinsichtlich der **Finanzierungsquellen** unterscheidet man **Außenfinanzierung** (Zuführung von Eigenkapital oder Fremdkapital) und **Innenfinanzierung** (z. B. aus Gewinnen, Rückstellungen) (Wöhe und Döring 2013).

(175) Finanzierungsquellen - Überblick

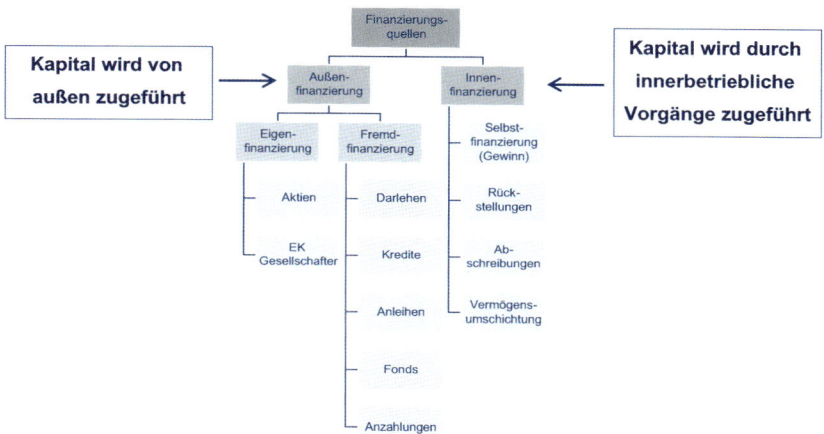

Die Außenfinanzierung kann als Eigenfinanzierung über die Ausgabe von
Aktien erfolgen. Und als Fremdfinanzierung über Darlehen, Lieferantenkredite,
Anleihen und Kundenanzahlungen erfolgen.

(176) Finanzierungsquellen – Eigenfinanzierung (1)

- **Steht nur börsennotierten Unternehmen**

  zur Verfügung
- **Geringer Kapitaleinsatz möglich**
- **Begrenzte Haftung**
- **Freie Entscheidung**
  - Unternehmen
  - Ein-/Ausstieg
  - Anzahl/Wert

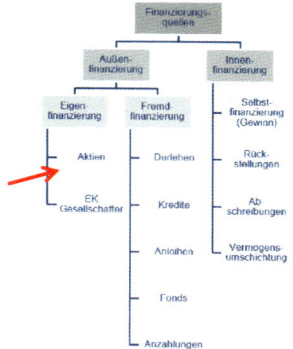

(177) Finanzierungsquellen – Eigenfinanzierung (2)

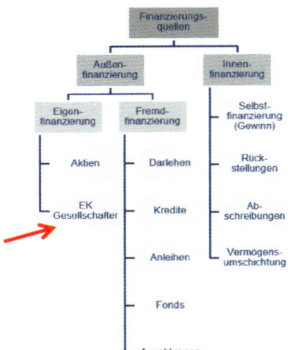

- **Schwierig bei geschlossenem**

  Gesellschafterkreis
- **Neue Gesellschafter**
  - **Rechte**
    - Gesellschafterversammlung
    - Mitsprache
    - Ausschüttung
  - **Haftung**

(178) Finanzierungsquellen – Fremdfinanzierung (1)

- **Kapital wird durch Gläubiger**

  eingebracht
- **Kapital wird auf Zeit gegeben**
- **Gläubiger**
  - sind keine Eigentümer
  - Anspruch auf Verzinsung
  - Anspruch auf Rückzahlung
  - keine Mitsprache- u. Kontrollrechte

Bei einer Fremdfinanzierung sind die bestimmenden Faktoren: das Volumen der
Kapitalaufnahme, der vereinbarte Zinssatz, die Laufzeit der Kapitalaufnahme und
die Auswirkungen auf die Bonität (Achleitner und Thommen 2012; Wöhe und
Döring 2013).

(179) Finanzierungsquellen – Fremdfinanzierung (2)

- **Darlehen**
  - von Kreditinstituten
  - von Gesellschaftern
- **Kredite**
  - von Lieferanten (längeres Zahlungsziel)
  - Banken
  - Kontokorrentkredit
- **Ausgabe von Anleihen (verbrieftes Schuldversprechen)**
- **Fonds über Fondsgesellschaften (mehrere Kapitalgeber)**
- **Anzahlungen von Kunden (Großaufträge)**

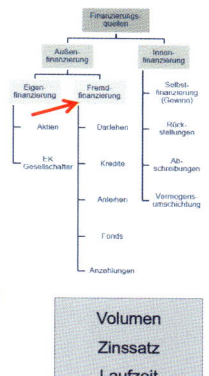

Volumen

Zinssatz

Laufzeit

Bonität

Die Innenfinanzierung kann über die Verwendung des Gewinns (**Thesaurie-rung**), über die Auflösung von Rückstellungen, Vermögensumschichtungen und Abschreibungen (Verschiebung Ersatzinvestition) erfolgen.

(180) Finanzierungsquellen – Innenfinanzierung (1)

Selbstfinanzierung durch einbehaltere Gewinne

(Thesaurierung)

- keine/geringere Dividende
- kein Einfluss auf Beteiligungsverhältnisse
- Liquiditätsschonend
- Steuereffekte

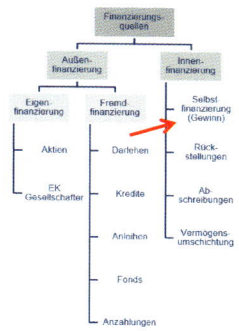

(181) Finanzierungsquellen – Innenfinanzierung (2)

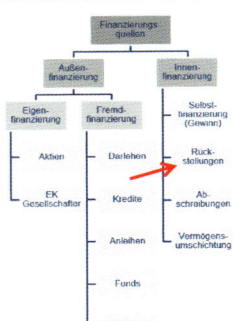

Finanzierung durch Rückstellungen

- **Bildung**
  (Verhinderung Gewinnausschüttung)

- **Auflösung**

- **Steuerverschiebung**

(182) Finanzierungsquellen – Innenfinanzierung (3)

Finanzierung aus Abschreibungen

- **AfA fließt über Verkaufspreis für spätere**

  Ersatzinvestition zurück

  (Kalkulationsbestandteil)

- **Ersatzinvestition später als AfA-Rückfluss**

- **Verschiebung Ersatzinvestition**

- **Nutzung der zusätzlichen liquiden Mittel**

(183) Finanzierungsquellen – Innenfinanzierung (4)

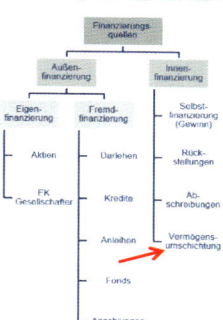

Finanzierung durch Vermögensumschichtung

- **Freisetzung von Vermögen**
- **Aktivtausch (Wandlung von Anlagevermögen in liquide Mittel)**
- **Veräußerung von Unternehmensbereichen**
- **Veräußerung von Vermögensgegenständen**
- **Sale & Lease Back**
- **Factoring (bei Umlaufvermögen)**
- **Rationalisierung**

Verkauft ein Unternehmen z. B. sein Bürogebäude und mietet es dann vom Käufer zurück, wird dies als **Sales & Lease Back** bezeichnet und stellt eine Mischung aus Vermögensumschichtung und Leasing dar (Vahs und Schäfer-Kunz 2015). Das Unternehmen erhält damit Kapital und hat für die Folgejahre eine kalkulierbare monatliche Miete.

Factoring ist der Kauf der Forderungen eines Unternehmens durch einen sogenannten Factor, der wiederum die Forderungen eintreibt. Das Unternehmen erhält vom Factor die Forderungen unter Einbehalt einer Gebühr direkt (Vahs und Schäfer-Kunz 2015).

(184) Finanzierungsquellen – Innenfinanzierung (5)

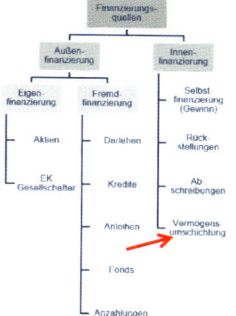

Wenn Verkaufserlös höher als Buchwert, dann mindert die Steuer den Effekt.
Bei Gleichheit steuerneutral.

Sale & Lease Back: Achtung Leasinggebühren!

Rationalisierung: kürzere Lagerdauer, geringerer Lagerbestand, schnellere Lieferung = schnellere Kundenzahlung, höherer Gewinn

5.5   Unternehmenszusammenschlüsse

Ein Unternehmenszusammenschluss ist eine Verbindung mindestens zweier
bis dahin rechtlich und wirtschaftlich selbstständigen Unternehmen (Wöhe und
Döring 2013).

(185) Unternehmenszusammenschlüsse

**Unternehmenszusammenschlüsse sind
Verbindungen von bis dahin rechtlich und
wirtschaftlich selbstständigen Unternehmen.**

International: Mergers & Acquisitions (M&A)

Unternehmen können sich zusammenschließen, um bestimmte Aufgaben wirt-
schaftlicher zu bewältigen (Synergien heben). Gemeint sind die Steigerung der
Wirtschaftlichkeit durch Rationalisierung (Personal, Abläufe), das Vermindern
von Risiken durch Diversifikation in andere Branchen und die Steigerung der
Einkaufsmacht durch Konzentration der einzelnen Aufträge an Vorlieferanten
(Wöhe und Döring 2013).

(186) Ziel von Unternehmenszusammenschlüssen

• Wachstum	Umsatz, Absatz, Gewinn
• Rationalisierung	Steigerung der Wirtschaftlichkeit
• Konzentration	Verhandlungsmacht steigern
• Diversifikation	Risiko streuen

Diese Verbindungen von Unternehmen können in unterschiedlich intensiven For-
men vollzogen werden:
    Interessensgemeinschaft, Kartell, Gemeinschaftsunternehmen (Joint Venture),
Beteiligung, Konzern und Fusion (Wöhe und Döring 2013).

(187) Kooperationsformen

- Interessensgemeinschaften   Unternehmen bleiben selbstständig
- Kartelle   Ziel Einschränkung Wettbewerb
- Gemeinschaftsunternehmen   Bildung einer gemeinsamen
  (Joint Venture)   Tochter
- Konzern
- Fusion   Unter dem Dach des Konzerns

                                   Zu einem neuen Unternehmen

Verbindungen von Unternehmen auf der gleichen Produktionsstufe nennt man **horizontale Zusammenschlüsse**. Verbindungen auf vor- oder nachgelagerten Produktionsstufen bezeichnet man als **vertikale Zusammenschlüsse** (Wöhe und Döring 2013; Vahs und Schäfer-Kunz 2015).

(188) Unternehmensverbindungen

Kooperation auf unterschiedlichen Stufen

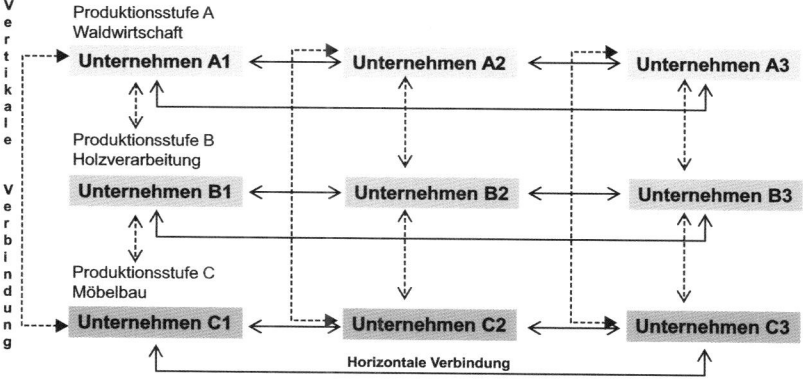

Der Ablauf einer Beteiligung oder eines Zusammenschlusses von Unternehmen erfolgt analog dem Prozess eines Unternehmenskaufs.

(189) Ablauf bei Beteiligungen/Fusionen

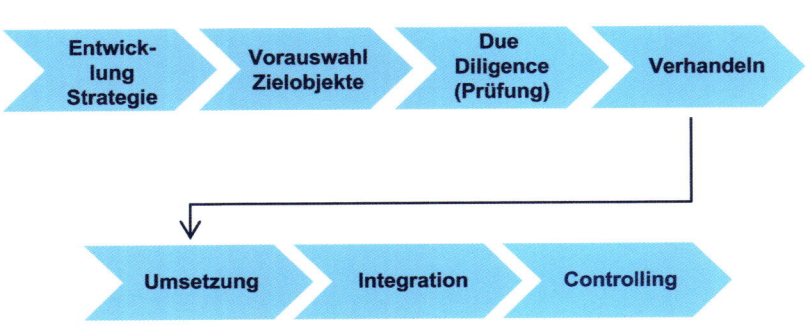

5.6   Übungen zu Betriebliches Rechnungswesen

(190) Übung Finanzplanung

Welche Maßnahmen können ergriffen werden, ...

wenn der Zahlungsmittelbestand höher als geplant ist?	wenn der Zahlungsmittelbestand kleiner als geplant ist?

(191) Übung Unternehmensverbindungen

Welche sinnvollen Zusammenschlüsse

vertikal

horizontal

könnte es geben für

H&M   **BMW**   **McDonalds**

Literatur

Achleitner A-K, Thommen J-P (2012) Allgemeine Betriebswirtschaftslehre, 7. Aufl. Springer Gabler, Wiesbaden

Mülder W, Lorberg D (2015) Grundlagen der Betriebswirtschaftslehre. Kiehl Verlag, Herne

Vahs D, Schäfer-Kunz J (2015) Einführung in die Betriebswirtschaftslehre, 7. Aufl. Schäffer-Poeschel, Stuttgart

Weber W, Kabst R, Baum M (2014) Einführung in die Betriebswirtschaftslehre, 9. Aufl. Springer Gabler, Wiesbaden

Wöhe G, Döring U (2013) Einführung in die Allgemeine Betriebswirtschaftslehre, 25. Aufl. Vahlen, München

Organisation und Personal

6

► **Lernziele dieses Kapitels**

- Rechtsformen von Unternehmen und deren Unterschiede kennen-lernen
- Organe einer Gesellschaft mit Rechten und Pflichten verstehen
- Aufgaben des Managements erklären können
- Managementtechniken und Führungsstile erkennen und anwen-den können
- Aufbau und Organisation eines Unternehmens verstehen
- Aufgaben des Personalmanagements einordnen können

6.1 Rechtsformen

Die Rechtsform eines Unternehmens regelt die Rechtsbeziehungen zwischen den Gesellschaftern und zwischen Unternehmen und der Umwelt. Die Wahl der Rechtsform hat Auswirkungen auf Haftung, Leitungsbefugnis und -struktur, Finanzierungsmöglichkeiten, Steuerbelastung und Publizitäts- und Prüfungs-pflichten eines Unternehmens (Mülder und Lorberg 2015; Vahs und Schäfer-Kunz 2015).

© Springer Fachmedien Wiesbaden GmbH 2017
G.-I. Spindler, *Basiswissen Allgemeine Betriebswirtschaftslehre*,
DOI 10.1007/978-3-658-18630-2_6

(192) Rechtsform eines Unternehmens

Die Rechtsform eines Unternehmens regelt

* **die Rechtsbeziehungen zwischen den Gesellschaftern**
* **zwischen Unternehmen und der Umwelt.**

Die Wahl der Rechtsform hat Auswirkungen auf

* **Haftung**
* **Leitungsbefugnis und -struktur**
* **Finanzierungsmöglichkeiten**
* **Steuerbelastung**
* **Publizitäts- und Prüfungspflichten**

  eines Unternehmens.

Die Rechtsform privater Betriebe (nicht öffentlicher Betriebe) reicht vom Einzelunternehmen (meist Handwerks- und Gewerbebetriebe) über Personengesellschaft und Kapitalgesellschaft bis zur Genossenschaft. Bei einer Personengesellschaft haben sich mehrere natürliche Personen zusammengetan, die gemeinsam die Unternehmensziele verfolgen. Bei einer Kapitalgesellschaft übergeben natürliche Personen Teile ihres Kapitals und Rechte und Pflichten an eine juristische Person (Wöhe und Döring 2013).

(193) Rechtsformen privater Betriebe

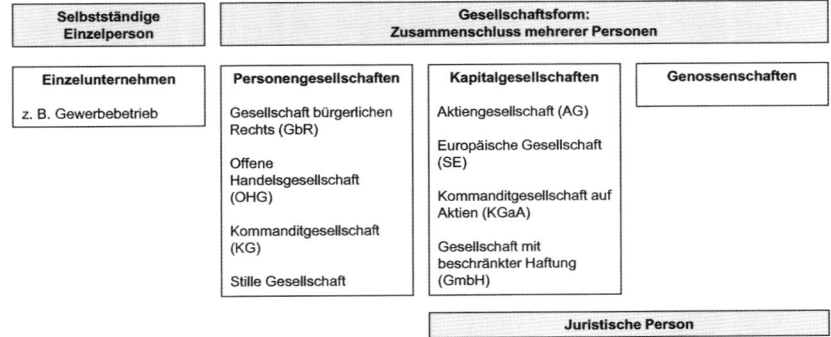

Schaubild 194 gibt die wesentlichen Unterschiede der häufigsten Rechtsformen wieder (Wöhe und Döring 2013; Achleitner und Thommen 2012).

(194) Rechtsformen im Überblick

Rechtsform / Merkmale	Einzelunternehmen	Personengesellschaften				Kapitalgesellschaften			
		Gesellschaft bürgerlichen Rechts (GbR)	Offene Handelsgesellschaft (OHG)	Kommanditgesellschaft (KG)	Stille Gesellschaft	Aktiengesellschaft (AG)	Europäische Gesellschaft (SE)	Gesellschaft mit beschränkter Haftung (GmbH)	Genossenschaft
Leitungsrechte	Eigentümer	Gesellschafter	Gesellschafter	Komplementäre	Stille Gesellschafter üblicherweise nicht	Vorstand	Vorstand (Executive Board)	Geschäftsführer	Vorstand
Kontrollrechte	Eigentümer	Gesellschafter	Gesellschafter	Komplementäre, Kommanditisten	Inhaber, Gesellschafter	Aufsichtsrat, Hauptversammlung	Aufsichtsrat (Board of Directors)	Gesellschafterversammlung	Aufsichtsrat, Generalversammlung
Haftung	voll (inkl. Privatvermögen)	voll für Gesellschafter	voll für alle Gesellschafter	voll für Komplementäre, teil für Kommanditisten	voll für Inhaber	voll für Gesellschaft, Aktionäre nach Anteil	voll für Gesellschaft, Aktionäre nach Anteil	voll für Gesellschaft, Gesellschafter nach Anteil	voll für Genossenschaft, Mitglieder teilw.
Mindesteigenkapital	keine Vorschriften	gleiche Anteile	keine Vorschriften	keine Vorschriften	keine Vorschriften	50.000 €	120.000 €	25.000 €	keine Vorschriften
GuV Verteilung	Eigentümer	Gesellschafter	nach Gesellschaftervertrag	nach Gesellschaftervertrag	Stiller G. muss an Gewinn, kann an Verlust	Stammaktien, Vorzugsaktien (Dividende)	Stammaktien, Vorzugsaktien (Dividende)	nach Gesellschaftervertrag, sonst nach Anteilen	nach Satzung, Geschäftsguthaben
Finanzierungsmöglichkeiten	Vermögen Inhaber, Kreditwürdigkeit	Einlagen Gesellschafter	besser als Einzelunternehmen	besser als OHG	besser als Einzelunternehmen	sehr gut, Kapitalmarkt	sehr gut, Kapitalmarkt	Gesellschafter, Gläubiger	Mitglieder, Nachschusspflicht
Publizität/ Prüfung	nur für Großunternehmen	keine	nur für Großunternehmen	nur für Großunternehmen	nur für Großunternehmen	zwingend	zwingend	zwingend	zwingend

Rechtsformen für ein Unternehmen können geändert werden. Häufig werden international tätige AGs (Aktiengesellschaft) in SEs (Societas Europaea) umgewandelt. Die Rechtsform hat zum Teil Auswirkungen auf die Besteuerung von Unternehmen und Personen.

Verschiedene **Steuern** (Wöhe und Döring 2013):

- **Gewerbesteuer:** muss jeder Gewerbebetrieb an die zuständige Gemeinde bezahlen. Grundlage ist der Gewerbeertrag des Unternehmens. Die Gemeinden erheben unterschiedliche Hebesätze bei der Berechnung der Steuer.
- **Einkommenssteuer:** wird auf das zu versteuernde Einkommen von natürlichen Personen berechnet.
- **Körperschaftssteuer:** quasi die Einkommenssteuer für juristische Personen. Da sie geringer als die Einkommenssteuer ist, wird die Ausschüttung von Gewinnen bei Kapital- und Personengesellschaften anders geregelt. Gesellschafter einer Kapitalgesellschaft versteuern ihre Ausschüttung im Rahmen der Einkommenssteuer, Gesellschafterentnahmen bei Personengesellschaften werden steuerlich nicht belastet.
- **Solidaritätszuschlag:** gilt für Einkommens- und Körperschaftssteuer.

(195) Steuern

Gewerbesteuer:

- jeder Gewerbebetrieb
- zuständige Gemeinde
- Gewerbeertrag als Grundlage
- unterschiedliche Hebesätze

Einkommenssteuer:

- Natürliche Person
- Zu versteuerndes Einkommen als Grundlage

Solidaritätszuschlag:

- Auf Einkommenssteuer
- Auf Körperschaftssteuer

Körperschaftssteuer:

- quasi Einkommenssteuer für juristische Personen
- geringer als die Einkommenssteuer
- daher andere Regelung für die Ausschüttung von Gewinnen bei Kapital- und Personengesellschaften
- Gesellschafter einer Kapitalgesellschaft versteuern ihre Ausschüttung im Rahmen der Einkommenssteuer
- Gesellschafterentnahmen bei Personengesellschaften werden steuerlich nicht belastet.

6.2 Organe einer Gesellschaft

In einer Gesellschaft (Unternehmen) gibt es verschiedene Organe, die unterschiedliche Funktionen wahrnehmen. Am Beispiel einer AG und einer GmbH werden die Organe einer Gesellschaft dargestellt (Wöhe und Döring 2013). Die Unternehmensleitung (operative Führung des Unternehmens), die Kontrollfunktion (Überwachung, Beratung, Bestellung der Unternehmensleitung) und das Treffen von Grundsatzentscheidungen ist klar getrennt und wird durch unterschiedliche Organe wahrgenommen. Die Bezeichnung der Organe unterscheidet sich bei AG und GmbH.

(196) Organe einer Gesellschaft

Organe AG/GmbH		
Unternehmensleitung	**Kontrollfunktion**	**Grundsatzentscheidungen**
Vorstand/Geschäftsführung	**Aufsichtsrat/Beirat**	**Hauptversammlung/ Gesellschafterversammlung**
Operative Führung des Unternehmens	Bestellung Unternehmensleitung	Berufung Aufsichtsrat/ Beirat
Vertretung des Unternehmens nach innen und außen	Beratung	Wahl Abschlussprüfer
	Überwachung	Verwendung Gewinn
		Entlastung der anderen Organe

Auch bei Familienunternehmen, ohne Verpflichtung zu einem Aufsichtsgremium, wird mit wachsender Größe und zunehmender Komplexität ein solches empfohlen. Es soll den Inhabern helfen, Qualität und Objektivität zu unterstützen (Intes 2014; Intes 2015).

(197) Beirat: Sinnvoll?

- Nimmt festgelegte
  - Beratungs-,
  - Überwachungs- oder
  - Ausgleichfunktionen wahr
- Beirat (BR) als Gesprächsforum
- Anderer Blickwinkel auf Unternehmen und Entscheidungen
- Ideen „begründen" hilft vor Umsetzung
- Externes Expertenwissen nutzen
- Schnellere Entscheidungen
- Ausgleich bei unterschiedlichen Interessen der Gesellschafter

- Beratender BR leicht zu gründen (Vertrag)
- Kontrollierender BR über Gesellschaftsvertrag
- Gesellschafter haben Entscheidungsgewalt über die Existenz des Beirats
- Positiver Einfluss auf Bonität und Rating

Die Inhaber von Familienunternehmen haben großen Einfluss auf die Aufgaben und Ordnung eines Beirates (Intes 2015).

(198) Aufgaben Beirat bei Familienunternehmen

- Personalentscheidung in Unternehmensführung
- Geschäftsordnung
- Zustimmungspflichten
- Feststellung Jahresabschluss
- Interne Verträge
- Weisend/beratend
- Strategische Themen
- Wie wird BR berufen/abberufen?
- Familienmitglieder im BR
- Welche Mehrheiten bei einer Wahl?
- Amtsdauer, Altersgrenze, Laufzeiten
- Was/Wie wird berichtet

- Kompetenzen und Qualifikationen sollen abgedeckt sein
- Im Interesse der Inhaber
- Identifikation mit Werten u. Zielen der Inhaber
- Vorsitzende hat Vertrauen der Inhaber
- Inhaber legen fest, ob u. wie Wechsel Unternehmensführung/Aufsichts-gremium möglich ist
- Vergütung für Gremium festlegen
- Haftung/D&O-Versicherung
- 3 – 4 Sitzungen p. a.
- 3 – 4 Mitglieder davon 1 Vorsitzender

6.3 Rechte und Pflichten der Gesellschafter

Die Gesellschafter eines Unternehmens haben Rechte, aber auch Pflichten gegenüber dem Unternehmen, an dem sie Anteile besitzen.

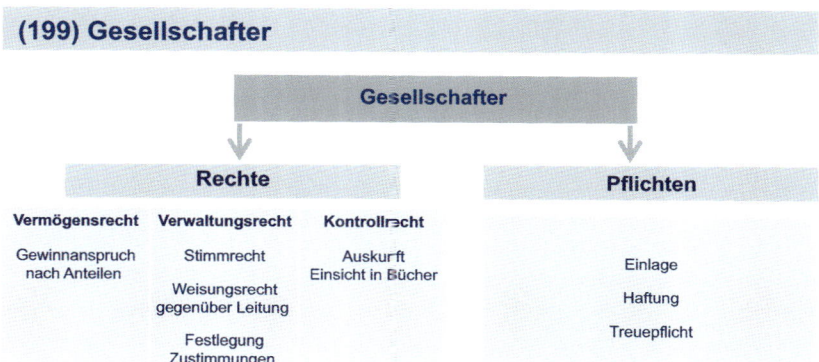

In Familienunternehmen sind die Inhaber und Gesellschafter verantwortlich für

- Festlegung der Werte und Ziele
- unternehmerische Ausrichtung
- Stabilität
- Rentabilität
- Wachstum

6.4 Management

Die Managementaufgabe oder Unternehmensführung besteht aus Entscheidungen, Planung, Kontrolle, Aufgabenübertragung und Führung (Motivation) der Arbeitnehmer. Management ist eine Gestaltungs-, Führungs- und Steuerungsfunktion. Management kann auf unterschiedliche Weise erfolgen und ist von den handelnden Personen und vom Unternehmen abhängig (Wöhe und Döring 2013).

(200) Management

Die Managementaufgabe oder Unternehmensführung besteht aus

- Definition von Maßnahmen
- Entscheidungen
- Planung
- Kontrolle
- Aufgabenübertragung
- Führung (Motivation) der Arbeitnehmer

Management ist eine Gestaltungs-, Führungs- und Steuerungsfunktion mit dem Ziel, die Unternehmensziele auf höchst möglichem Niveau zu erreichen.

Managementtechniken (Vahs und Schäfer-Kunz 2015; Achleitner und Thommen 2012) beschreiben bestimmte Gestaltungs- und Verhaltensprinzipien der Unternehmensführung. Sie unterscheiden sich primär durch ihre Konzeption, ihre Ziele, die Delegation von Aufgaben und Verantwortung und die daraus resultierende Motivation der Mitarbeiter.

- **Management by Exception** (Führung durch Abweichungskontrolle und Korrektur): Die Mitarbeiter arbeiten selbstständig, der Vorgesetzte greift nur bei Zielabweichungen ein. Die Führungsebene wird von den „normalen" Arbeiten entlastet, benötigt aber Soll-/Istwerte, um Abweichung festzustellen. Diese Managementtechnik fördert nicht die Kreativität und Initiative der Mitarbeiter und die Abweichungsanalyse konzentriert sich meist auf die negativen Abweichungen.
- **Management by Objectives** (Führung durch Zielvorgaben): Der Vorgesetzte und die Mitarbeiter vereinbaren klare Ziele, die vom Mitarbeiter zu erreichen sind. Die miteinander vereinbarten Ziele fördern die Eigeninitiative und die Identifikation der Mitarbeiter mit den Zielen und dem Unternehmen. Die Ziele sind für alle Beteiligten transparent. Häufig enthält das Einkommen einen Bonusbestandteil, der abhängig von der Zielerreichung festgelegt wird. Diese Technik ist aufwendig (Zielvereinbarungen im gesamten Bereich) und es lassen sich nicht für alle Aufgaben eindeutig messbare Ziele definieren.
- **Management by Delegation** (Führung durch Delegation von Aufgaben): Der Vorgesetzte überträgt eine definierte Aufgabe zu 100 % an einen Mitarbeiter, der diese selbstständig ausführt und die notwendigen Kompetenzen erhält. Die Führungsebene wird entlastet, die Mitarbeiter sollen motiviert werden.

Entscheidungen sollen dadurch auf der sachgerechten Ebene getroffen werden.
Es besteht die Gefahr, dass der Vorgesetzte nur uninteressante Aufgaben dele-
giert und die prestigeträchtigen Aufgaben weiter selbst übernimmt. Außerdem
fehlen bei dieser Managementtechnik der Teamgedanke und die Abstimmung
von Entscheidungen.

- **Management by System** (Führung durch Systemsteuerung):
  Alle betrieblichen Prozesse sollen dabei durch computergestützte Informa-
  tions-, Planungs- und Kontrollsysteme vernetzt werden. Routineprozesse werden weitgehend automatisch gesteuert. Die Managementtechnik ist aufwendig
  (Vernetzung und Abbildung aller Prozesse) und streng hierarchisch aufgebaut. Die Gefahr bei rein computergestützter Führung ist das Ausblenden des
  menschlichen Faktors, von Emotionen und Intuition.

(201) Managementtechniken

	Management by Exception	Management by Objectives	Management by Delegation	Management by System
Konzept	Führung durch Abweichungskontrolle und Korrektur	Führung durch Zielvorgaben	Führung durch Delegation von Aufgaben	Führung durch Systemsteuerung
Ziel	Mitarbeiter arbeiten selbstständig, Vorgesetzte greift nur bei Zielabweichungen ein. Führungsebene wird von den „normalen" Arbeiten entlastet. Benötigt Soll-/Ist-Werte um Abweichung festzustellen.	Vorgesetzte und die Mitarbeiter vereinbaren klare Ziele, die vom Mitarbeiter zu erreichen sind. Die miteinander vereinbarten Ziele fördern Eigeninitiative und Identifikation des Mitarbeiter. Ziele sind für alle Beteiligten transparent. Bonusbestandteil abhängig von Zielerreichung möglich.	Vorgesetzte überträgt eine definierte Aufgabe zu 100 % an Mitarbeiter, der diese selbstständig ausführt und die notwendigen Kompetenzen erhält. Führungsebene wird entlastet, Mitarbeiter sollen motiviert werden. Entscheidungen sollen dadurch auf der sachgerechten Ebene getroffen werden.	Alle betrieblichen Prozesse sollen durch computergestützte Informations-, Planungs- und Kontrollsysteme vernetzt werden. Routineprozesse werden weitgehend automatisch gesteuert.
Beurteilung	Fördert nicht gerade die Kreativität und Initiative der Mitarbeiter. Die Abweichungsanalyse konzentriert sich auf die negativen Abweichungen.	Technik ist aufwendig (Zielvereinbarungen im gesamten Bereich). Es lassen sich nicht für alle Aufgaben eindeutig messbare Ziele definieren.	Gefahr besteht, dass Vorgesetzte nur uninteressante Aufgaben delegiert und die prestigeträchtigen Aufgaben weiter selbst übernimmt. Es fehlen Teamgedanke und Abstimmung von Entscheidungen.	Aufwendig (Vernetzung und Abbildung aller Prozesse). Streng hierarchisch aufgebaut. Gefahr bei rein computergestützter Führung, das Ausblenden des menschlichen Faktors und von Emotionen und Intuition.

Vorgesetzte in einem Unternehmen haben unterschiedliche **Führungsstile** gegenüber ihren Mitarbeiterinnen und Mitarbeitern. Sie zeigen sich in unterschiedlichen Ausprägungen der Willensdurchsetzung, der Kontrolle der zu erledigenden
Aufgaben, der Einbeziehung anderer bei der Entscheidungsfindung und dem Ent-
scheidungsspielraum der Mitarbeiter (Vahs und Schäfer-Kunz 2015; Achleitner
und Thommen 2012).

(202) Führungsstile

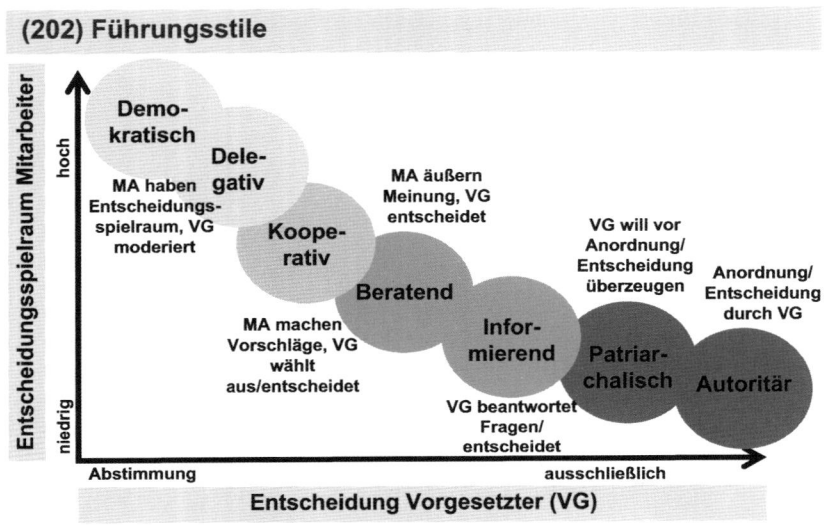

6.5   Organisation

Die **Organisation** eines Unternehmens ermöglicht die Managementaufgabe und hat die Aufgabe, den komplexen Prozess der Leistungserstellung und -verwertung (Vertrieb, Marketing) so wirtschaftlich wie möglich umsetzen. Eine Organisation gibt dem Unternehmen eine Ordnung und koordiniert die verschiedenen Stufen und Prozesse im Unternehmen (Wöhe und Döring 2013; Achleitner und Thommen 2012).

(203) Organisation

Die Organisation eines Unternehmens soll die Managementaufgabe ermöglichen und den Prozess der Leistungserstellung und -verwertung (Vertrieb, Marketing) so wirtschaftlich wie möglich umsetzen.

Eine Organisation gibt dem Unternehmen eine Ordnung und koordiniert die verschiedenen Stufen und Prozesse im Unternehmen.

Alle organisatorischen Einheiten eines Unternehmens sind am Wertschöpfungsprozess im Unternehmen beteiligt und müssen strukturiert werden.

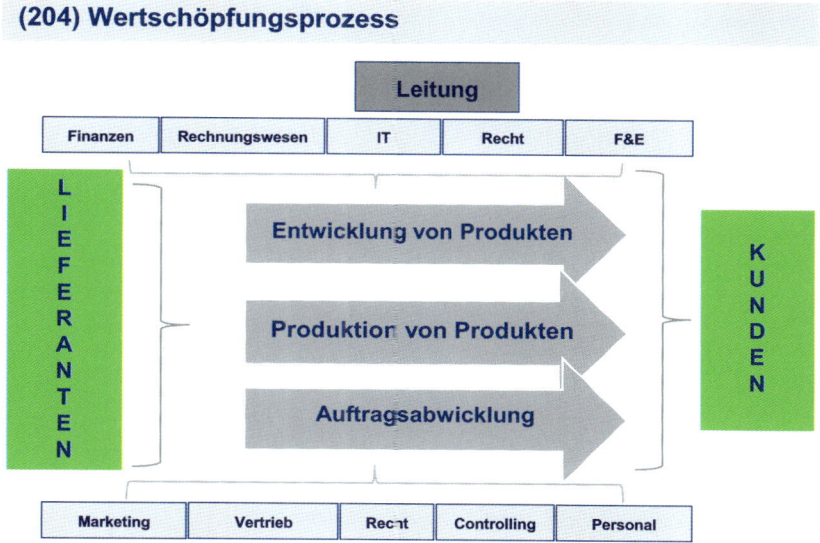

(204) Wertschöpfungsprozess

Unterschieden werden die **Aufbauorganisation** als langfristige Regelung der Beziehungen zwischen den einzelnen Aufgabenbereichen im Unternehmen und die **Ablauforganisation**, die eher kurzfristig die einzelnen Abläufe in den jeweiligen Abteilungen regelt (Wöhe und Döring 2013).

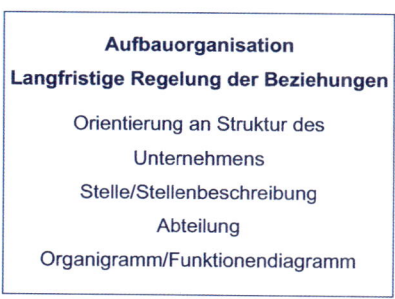

(205) Organisation

Aufbauorganisation	Ablauforganisation
Langfristige Regelung der Beziehungen	**Kurzfristige Regelung der Abläufe**
Orientierung an Struktur des Unternehmens	Orientierung an Prozessen im Unternehmen
Stelle/Stellenbeschreibung	Ablaufplan
Abteilung	Ablaufkarte
Organigramm/Funktionendiagramm	Raum/Zeit/Mittel

Da sich Unternehmen und Märkte im Laufe der Zeit verändern und neue technische Möglichkeiten entstehen, werden Organisationsstrukturen in Unternehmen diesem Wandel angepasst und verändert.

6.5.1 Aufbauorganisation

Die **Aufbauorganisation** eines Unternehmens zeigt die Struktur eines Unternehmens in Form eines **Organigramms**. Ein Organigramm ist die vereinfachte Darstellung der Organisationsstruktur. Linien zeigen die Berichtswege bzw. Über- und Unterstellungen, die Rechtecke zeigen die einzelnen Stellen des Unternehmens (Achleitner und Thommen 2012).

Eine **Stelle** ist die kleinste Einheit einer Unternehmensorganisation, die bestimmte Aufgaben erfüllt. Zu jeder Stelle gehört eine Stellenbeschreibung, die die Aufgaben/Verantwortung und Kompetenzen festlegt. Mehrere Stellen werden zu Abteilungen zusammengefasst. Abteilungen werden von einem Abteilungsleiter geführt, der oft von einer Stabsstelle (Assistenz) unterstützt wird (Weber et al. 2014; Wöhe und Döring 2013).

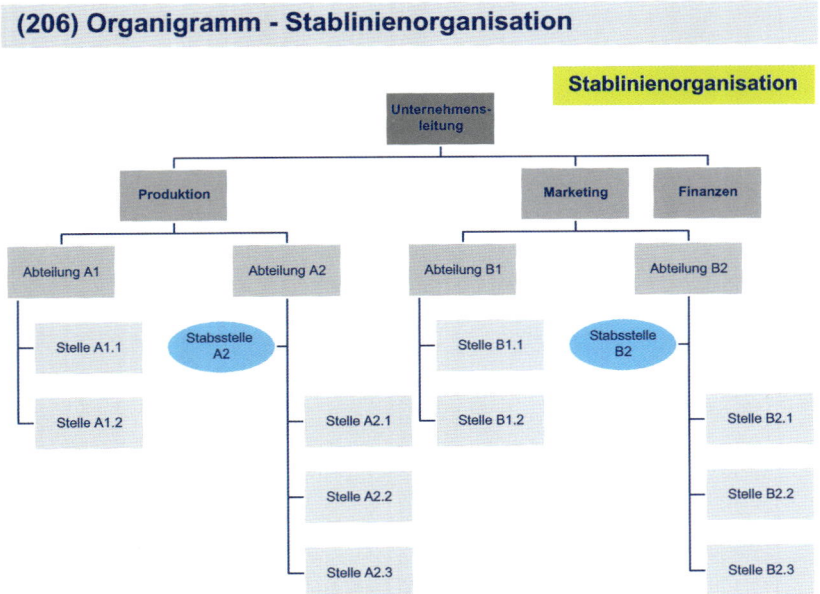

(206) Organigramm - Stablinienorganisation

Linienstelle: weisungsgebunden, weisungsbefugt
Stabsstelle: weisungsgebunden, keine Weisungsbefugnis

Eine Organisation kann nach den verschiedenen Funktionen im Unternehmen, nach den einzelnen Produktgruppen oder auch nach regionalen Gesichtspunkten aufgebaut sein.

Hinsichtlich der Leitungsfunktionen werden verschiedene Systeme unterschieden:

- Im **Einliniensystem** erhält jede Stelle nur von einer übergeordneten Instanz Weisungen, entsprechend im **Mehrliniensystem** von mehreren Instanzen (Vahs und Schäfer-Kunz 2015). Wächst ein Unternehmen, wird es seine Organisationsstruktur verschlanken, um die Entscheidungswege nicht zu lange und zeitaufwendig werden zu lassen.
- Die **Stablinienorganisation** ist eine Mischung aus Linienstellen (Entscheidungen, Weisungsbefugnis), Stabsstellen (kein Weisungsrecht) und Zentralstellen, die Funktionen und Aufgaben für das Unternehmen übergreifend ausführen (Wöhe und Döring 2013).
- In einer **Spartenorganisation** wird das Unternehmen nach Sparten oder Divisionen unterteilt, z. B. nach Produktgruppen oder Kundengruppen (B2C, B2B). Innerhalb der Sparten gilt wieder eine Linienfunktion. Eine Spartenorganisation führt dazu, dass einige Funktionen redundant ausgeführt werden, so weisen z. B. die Sparte „Produkt Waschmaschinen" und die Sparte „Produkt Fernseher", jeweils Marketing- und Vertriebsfunktionen auf (Wöhe und Döring 2013).

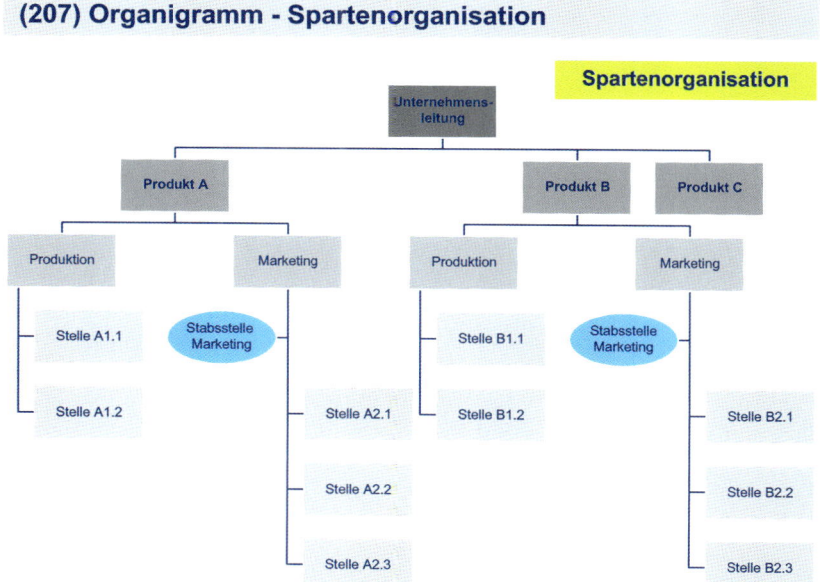

(207) Organigramm - Spartenorganisation

Linienstelle: weisungsgebunden, weisungsbefugt
Stabsstelle: weisungsgebunden, keine Weisungsbefugnis

Aber auch hier sind unter Umständen die Entscheidungswege noch zu lang. Eine Loslösung von einem streng hierarchischen System und redundanten Funktionen stellt die **Matrixorganisation** dar. In einer Matrixorganisation ist z. B. die Marketingabteilung für alle Produkte zuständig, analog die Produktion und die Materialwirtschaft. Die einzelnen Stellen finden sich direkt in der Schnittstelle zwischen Sparte und Funktion (Vahs und Schäfer-Kunz 2015). In einer Matrixorganisation kann es zu Konflikten kommen, da ein Mitarbeiter zwei Vorgesetzte hat, die ihm Anweisungen geben können.

(208) Organigramm - Matrixorganisation

| | | | Matrixorganisation | |
Unternehmens-leitung	Material-wirtschaft	Produktion	Marketing	Vertrieb
Produkt A	Stelle	Stelle	Stelle	Stelle
Produkt B	Stelle	Stelle	Stelle	Stelle
Produkt C	Stelle	Stelle	Stelle	Stelle

Als Weiterentwicklung der divisionalen Organisation gilt die Holding-Struktur oder Management-Holding. In der Holding werden einige zentrale Funktionen (Controlling, Finanzen, Kommunikation) gebündelt. Eine Holding kann zusätzlich die Führung der rechtlich selbstständigen Geschäftsbereiche (Divisionen) übernehmen. Eine Management-Holding soll es erleichtern, Synergien im Unternehmen zu entdecken und zu heben (Wöhe und Döring 2013).

Die Digitalisierung ermöglicht neue Organisationsformen je nach Marktdynamik und Innovationswert der Produkte (Achleitner und Thommen 2012). So können, wenn eine effiziente IT-Struktur vorhanden ist, sich räumlich getrennt befindende Abteilungen eines Unternehmens vernetzen und miteinander kommunizieren. Eine virtuelle Organisation ist möglich, die ohne festen Unternehmenssitz auskommt. Das Unternehmen „Premium Cola" (Getränkeproduzent und -lieferant) hat sich in seinen Anfängen so aufgestellt und die Struktur bis heute erhalten. Alle notwendigen Arbeiten werden von räumlich getrennt sitzenden Menschen übernommen, die über das Internet, per Telefon und die sozialen Medien miteinander kommunizieren (Spindler 2016).

(209) Neue Organisationsformen

6.5.2 Ablauforganisation

Die **Ablauforganisation** knüpft an die Stellenbeschreibung an und regelt wann, wo und wie diese Aufgabe zu erledigen ist. Der Arbeitsprozess steht hier im Vordergrund (Wöhe und Döring 2013).

Die zu erfüllende Aufgabe wird in Teilaufgaben unterteilt und detailliert im Ablauf analysiert und optimiert. Ziele der Ablauforganisation sind die fristgerechte Erfüllung der Aufgabe (Abstimmung von Auftrags- und Fertigungstermin), die Optimierung der für die Aufgabenerledigung notwendigen Zeit, den optimalen Einsatz der Materialien und eine möglichst hohe Auslastung der Kapazität. Die Arbeiten an einem Fließband sind ein Beispiel für eine typische Ablauforganisation.

Die Abläufe oder Prozesse in einem Unternehmen werden permanent untersucht und optimiert. Eine neue **Prozessgestaltung** kann sich als kostengünstiger oder schneller erweisen oder qualitativ bessere Ergebnisse liefern. Einzelne Prozessschritte können evtl. komplett entfallen, andere müssen ergänzt werden. Eine neue Reihenfolge der Schritte kann sich als wirtschaftlicher erweisen oder einzelne Schritte lassen sich zusammenfassen und damit effizienter gestalten (Vahs und Schäfer-Kunz 2015).

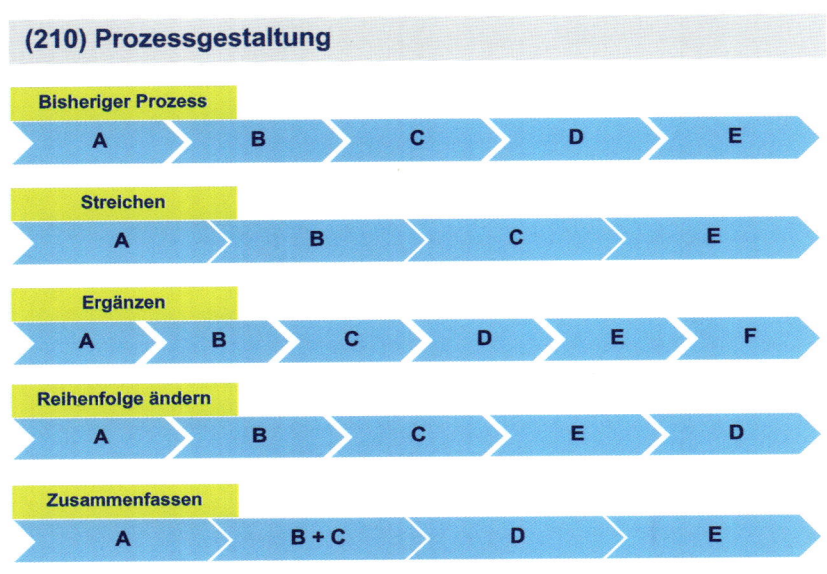

(210) Prozessgestaltung

6.6   Personalmanagement

Die Mitarbeiter bilden mit den Betriebsmitteln und den Werkstoffen die elementaren Produktionsfaktoren im Unternehmen.

Zum **Personalmanagement** gehören die Bereiche: Personalbedarfsplanung, Personalbeschaffung (Suche), Personaleinsatz, Personalentwicklung und Personalfreisetzung (negative Personalbeschaffung). Die Personalabteilung ist in der Regel für alle Bereiche im Unternehmen übergreifend tätig (Stabsstelle) (Wöhe und Döring 2013; Achleitner und Thommen 2012).

Zusammen mit den einzelnen Abteilungen wird der **Personalbedarf** ermittelt. Dazu gehört nicht nur die Kopfzahlplanung, sondern ebenso die Ermittlung der für die einzelnen Stellen und Aufgaben notwendigen Qualifikationen. Zu berücksichtigen sind bei der Bedarfsplanung die wirtschaftliche und die unternehmensspezifische Entwicklung, neue Technologien und sozialpolitische Aspekte. Außerdem ist die **Fluktuationsrate** (Prozentsatz der ausscheidenden Mitarbeiter) im Unternehmen ein wichtiger Faktor bei der Bedarfsplanung. Für die notwendige Qualifikation für eine Stelle wird die Stellenbeschreibung genutzt und ein Anforderungsprofil erstellt.

Die **Personalbeschaffung** soll die ermittelte Unterdeckung an Mitarbeitern beseitigen. Personal kann intern und extern gesucht und gefunden (beschafft) werden. Nach der Festlegung der Anforderungen für eine Stelle, erfolgt mithilfe der Personalwerbung die Personalsuche. Sie kann durch Anzeigen in Zeitungen/ Zeitschriften und über verschiedene Jobportale im Internet erfolgen. Für höhere Funktionen werden auch Personalagenturen oder Headhunter eingeschaltet. Nach Sichtung und Beurteilung der eingegangenen Bewerbungen erfolgt die Personalauswahl. In zum Teil mehreren Gesprächen mit der Personalabteilung und dem zukünftigen Vorgesetzten stellt sich der potenzielle neue Mitarbeiter vor. Für Führungsaufgaben werden auch **Assessment-Center** veranstaltet, bei denen einzelne oder mehrere Bewerber von mehreren Führungskräften des Unternehmens beurteilt werden. Danach erfolgen die Personalauswahl und die Einstellung des Mitarbeiters (Vertragsgestaltung, Gehaltsfestlegung).

Die Zuordnung der Mitarbeiter auf die einzelnen Stellen im Unternehmen in quantitativer, qualitativer, zeitlicher und örtlicher Sicht erfolgt in der **Personaleinsatzplanung**. Neue Mitarbeiter oder Mitarbeiterinnen müssen in eine neue Aufgabe eingearbeitet werden, bevor sie sie übernehmen können.

Die Aufgaben der **Personalentwicklung** sind Weiterbildung der Mitarbeiter für zukünftige Aufgaben. Die Fähigkeiten und das Know-how sollen erhalten und gefördert werden. Für einige junge Mitarbeiter (High Potentials) wird eine Karriereplanung entworfen, die neben den anspruchsvoller werdenden Aufgaben, die dazu notwendigen weiteren Qualifikationen vorsieht.

Die **Personalfreisetzung** beinhaltet das Beenden von Beschäftigungsverhältnissen. Ursachen können ein zu hoher Personalbestand sein, aber auch Unzufriedenheit des Unternehmens mit den Leistungen des Mitarbeiters oder Unzufriedenheit des Mitarbeiters mit den Arbeitsbedingungen im Unternehmen. Absatzrückgänge oder strukturelle Veränderungen können zu Personalmaßnahmen führen, die durch Kündigung, Umsetzungen, Freistellungen oder Frühpensionierungen umgesetzt werden. Zu berücksichtigen ist die natürliche Fluktuation in einem Unternehmen, das freiwillige Ausscheiden von Mitarbeitern durch Eigenkündigung oder durch Pensionierung. Auch Kurzarbeit kann eine Möglichkeit sein, den Mitarbeiterbedarf temporär anzupassen.

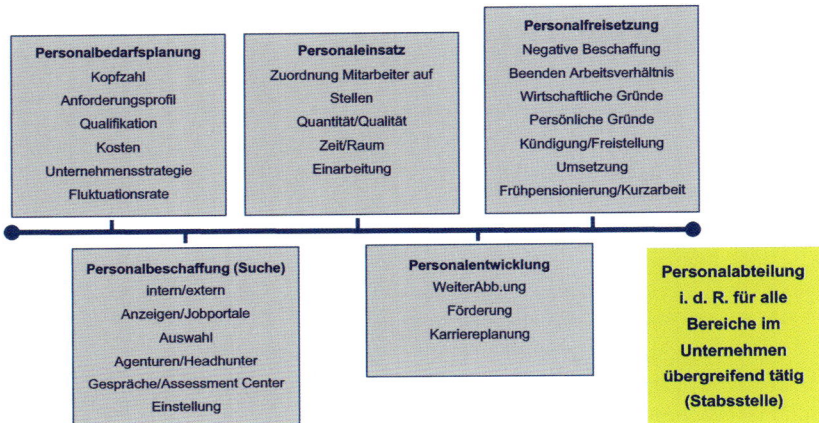

(211) Personalwirtschaft

Durch die **Arbeitsteilung**, speziell in der Produktion, werden die einzelnen Prozesse wirtschaftlicher durchgeführt, allerdings führt die Arbeitsteilung und die damit verbundene hohe Spezialisierung der Mitarbeiter zu monotoneren Einzelaufgaben, bei denen wenig bis keine Abwechslung erfolgt. Dies hat negative Auswirkungen auf die Psyche und Motivation der Mitarbeiter. Durch einige Maßnahmen wird versucht, dem entgegenzuwirken (Achleitner und Thommen 2012):

- **Job Enlargement** (Aufgabenerweiterung durch weitere Teilaufgaben),
- **Job Enrichment** (Aufgabenbereicherung durch zusätzliche anspruchsvollere Aufgaben),
- **Jobrotation** (Arbeitsplatzwechsel mit einem Kollegen) und
- die Arbeit in **teilautonomen Gruppen** (geschlossene Teilaufgabe wird an eine Gruppe von Mitarbeitern übertragen).

(212) Methoden gegen Folgen der Arbeitszerlegung

Job Enlargement Aufgabenerweiterung durch weitere Teilaufgaben	**Job Enrichment** Aufgabenbereicherung durch zusätzliche anspruchsvollere Aufgaben
Jobrotation Arbeitsplatzwechsel mit einem Kollegen	**Arbeit in teilautonomen Gruppen** geschlossene Teilaufgabe an eine Gruppe MA übertragen

Der amerikanische Psychologe Abraham **Maslow** (Maslow 1981) hat die unterschiedlichen Bedürfnisse eines Menschen in einer Pyramide dargestellt. Nach Maslow entstehen Bedürfnisse einer bestimmten Stufe erst dann, wenn die Bedürfnisse der darunter gelagerten Stufe befriedigt sind. Die Maslowsche Pyramide dient auch heute noch teilweise zur Erklärung der Bedürfnisentstehung und -abfolge. Ein befriedigtes Bedürfnis dient nach Maslow nicht mehr als Antrieb für den Menschen. Abfolge und Schlussfolgerungen von Maslows Theorie werden heute aber kritisch beurteilt.

(213) Bedürfnishierarchie nach Maslow

Ein Bedürfnis entsteht erst, wenn ein untergeordnetes Bedürfnis entsprechend dem Anspruchsniveau befriedigt ist.

Nach Abraham Maslow, US-amerikanischer Psychologe

Selbst-verwirklichung

Individuelle Bedürfnisse
(Anerkennung, Macht, Erfolg, Status, Unabhängigkeit, Stärke, Ästhetik)

Soziale Bedürfnisse
(Geselligkeit, Zugehörigkeit, Liebe)

Sicherheitsbedürfnisse
(Gesundheit, Schutz, Alterssicherung)

Physiologische Bedürfnisse
(Hunger, Durst, Schlaf, Wärme, Bewegung)

Die Mitbestimmung von Arbeitnehmern im Unternehmen ist gesetzlich geregelt (Wöhe und Döring 2013).

(214) Mitbestimmung

Arbeitnehmer und Gewerkschaften
(Interessensvertretung der Arbeitnehmer):

- Berücksichtigung ihrer Interessen im Arbeitsalltag
- Mitspracherecht
- Sicherung der sozialen Bedürfnisse
- Statussicherung

Bei allen Maßnahmen, die Mitarbeiter betreffen, ist der **Betriebsrat** anzuhören bzw. zu informieren. Anwendung findet das **Betriebsverfassungsgesetz (BetrVG)** (Weber et al. 2014). Der Betriebsrat ist die gewählte Interessenvertretung der Arbeitnehmer in einem Unternehmen. Bei Personalentscheidungen hat der Betriebsrat ein Widerspruchsrecht. Ein Betriebsrat kann gegründet werden, sobald ein Unternehmen fünf wahlberechtigte Beschäftigte hat. Ab 200 Beschäftigen muss, bei einem vorhandenen Betriebsrat, ein Mitglied des Betriebsrates für seine Betriebsratstätigkeit von der Arbeit freigestellt werden.

(215) Betriebsrat

Betriebsrat (BR):

- Betriebsverfassungsgesetz (BetrVG)
- Betriebsversammlungen
- Anhörung/Information bei allen Maßnahmen, die die
  Mitarbeiter betreffen
- gewählte Interessenvertretung der Arbetnehmer
- Widerspruchsrecht bei Personalentscheidungen
- Gestaltung des Arbeitsplatzes
- Soziale u. wirtschaftliche Themen
- kann ab fünf wahlberechtigte Beschäftigte gegründet
  werden
- Ab 200 Beschäftigen (wenn BR vorhanden) Freistellung
  eines BR-Mitgliedes

Informationsrecht

Beratungsrecht

Widerspruchsrecht

Mitbestimmungsrecht

Unternehmen führen **Mitarbeiterbefragungen** durch, um Stimmungen und Problembereiche im Unternehmen zu identifizieren. Eine Mitarbeiterbefragung wird meistens durch eine externe Agentur durchgeführt und gliedert sich in Diagnose (Einschätzung), Evaluation (Erfassen und Bewerten von erhaltenen Informationen), Kontrolle (von Veränderungen) und Kommunikation (Dialog im Unternehmen).

(216) Was bietet eine Mitarbeiterbefragung

- Liefert harte Daten, die nicht über Kennzahlen abgebildet werden können
- IST-Analyse
- Aufzeigen von Problembereichen
- Legt Handlungsbedarf offen
- Liefert Informationen und Einschätzungen (Diagnose)
- Erfassung der Bewertung von Informationen (Evaluation)
- Überprüft, ob Veränderungen stattgefunden haben (Kontrolle)
- Ermöglicht den Dialog im Unternehmen (Intervention, Kommunikation)
- Einfluss auf die Mitarbeiterzufriedenheit

Eine Mitarbeiterbefragung kann unterschiedliche Ziele verfolgen.

(217) Ziele Mitarbeiterbefragung

- Mitarbeiterzufriedenheit feststellen
- Spannungsfelder identifizieren/Handlungsbedarfe ermitteln
- Veränderungsbedarfe definieren
- Stärken/Schwächen aus Sicht der Mitarbeiter entdecken
- Identifikation der Mitarbeiter mit dem Unternehmen/Unternehmensziele stärken
- Führungsverhalten bestimmen/fördern
- Kommunikationswege optimieren
- Ideen der Mitarbeiter „freilassen"
- Arbeitsorganisation und Abläufe überprüfen

6.7   Übung zu Organisation und Personal

(218) Übung Personal/Organisation

Wovon ist die Arbeitsleistung eines Mitarbeiters abhängig?

> Arbeitsleistung

Literatur

Achleitner A-K, Thommen J-P (2012) Allgemeine Betriebswirtschaftslehre, 7. Aufl. Springer Gabler, Wiesbaden

Intes (2014-02) UnternehmerBrief, Intes Akademie für Familienunternehmen GmbH, Bonn

Intes (2015-05) Governance Kodex, Intes Akademie für Familienunternehmen GmbH, Bonn

Maslow A (1981) Motivation und Persönlichkeit, 14. Aufl. Rowohlt, Reinbek

Mülder W, Lorberg D (2015) Grundlagen der Betriebswirtschaftslehre. Kiehl Verlag, Herne

Spindler G-I (2016) Querdenken im Marketing, 2. Aufl. Springer Gabler, Wiesbaden

Vahs D, Schäfer-Kunz J (2015) Einführung in die Betriebswirtschaftslehre, 7. Aufl. Schäffer-Poeschel, Stuttgart

Weber W, Kabst R, Baum M (2014) Einführung in die Betriebswirtschaftslehre, 9. Aufl. Springer Gabler, Wiesbaden

Wöhe G, Döring U (2013) Einführung in die Allgemeine Betriebswirtschaftslehre, 25. Aufl. Vahlen, München

Konstitutive und funktionale Entscheidungen

7

> **Lernziele dieses Kapitels**
>
> - Unterschied zwischen konstitutiven und funktionalen Entscheidungen erkennen
> - Standortwahl und Standortfaktoren kennenlernen
> - Varianten des Einstiegs in einen internationalen Markt verstehen

7.1 Überblick

In einem Unternehmen sind eine Reihe von Entscheidungen zu treffen, die zum Teil den Ablauf im Unternehmen betreffen, aber auch Entscheidungen, die grundsätzlicher und langfristiger Natur sind. Die Ablaufentscheidungen oder auch **funktionale Entscheidungen** betreffen die Bereiche Produktion (Produktionsverfahren, Produktionsprogramm), Absatz (Vertrieb, Marketing), Finanzierung (Eigenkapital, Fremdkapital) und Investition (DCF-Rechnung). Funktionale Entscheidungen sind im Unternehmen nahezu täglich zu treffen und gehören zum „normal Business" des Managements.

Die **konstitutiven Entscheidungen** sind bei Gründung und unter Umständen eventuell bei Veränderungen im Unternehmen zu treffen und betreffen die Wahl der Rechtsform, Kooperationsentscheidungen und die Standortwahl (Wöhe und Döring 2013; Vahs und Schäfer-Kunz 2015).

© Springer Fachmedien Wiesbaden GmbH 2017
G.-I. Spindler, *Basiswissen Allgemeine Betriebswirtschaftslehre*,
DOI 10.1007/978-3-658-18630-2_7

(219) Entscheidungen im Unternehmen

Konstitutive Entscheidungen

Funktionale Entscheidungen

Gründung, Umstrukturierung

Rechtsform
- Personen-/Kapitalgesellschaft
- Gesellschafter

Standort
- Standortpolitik
- Standortfaktoren

Kooperation
- Beteiligung
- Joint Venture
- Fusion

Tagesgeschäft

Produktion
- Produktionsverfahren
- Produktionsprogramm
- Outsourcing
- Materialien

Vertrieb/Marketing
- Verkaufsprogramm
- Sortiment
- Vertriebspolitik
- Marketingmaßnahmen
  - Preispolitik
  - Produktpolitik
  - Distributionspolitik
  - Kommunikationspolitik

Investition
- Sachentscheidung
- Finanzentscheidung

Finanzierung
- Eigenkapital
- Fremdkapital
- Außen-/Innenfinanzierung

7.2   Standortwahl

Der **Standort** eines Unternehmens ist der geografische Ort der Leistungserstellung des Unternehmens, an dem die Produktionsfaktoren eingesetzt werden (Achleitner und Thommen 2012).

(220) Standortwahl

Der Standort eines Unternehmens ist der geografische Ort der Leistungserstellung des Unternehmens, an dem die Produktionsfaktoren eingesetzt werden.

Lokal
Regional
National
international

Lager
Produktion
Vertrieb
Verwaltung

Anzahl

Die **Standortwahl** ist eine langfristige Entscheidung und stellt sich erstmals bei Gründung des Unternehmens und später bei Standortverlagerungen, Standorttaufspaltungen und dem Eingehen von Kooperationen mit anderen Unternehmen (Wöhe und Döring 2013). Für eine Standortentscheidung kann es unterschiedliche Gründe und Ziele geben (Vahs und Schäfer-Kunz 2015).

(221) Gründe und Ziele von Standortentscheidungen

Gründungsphase	Wachstum	Strukturveränderungen	Schrumpfung
Standort bei Unternehmensgründung	Beschaffung Material Kapazitäten Absatzmärkte	Kosten Konjunktur Gesetze Verkehr Subventionen Steuern	Konjunktur Kundenverluste Wettbewerber Kosten Sortimentsbereinigung

Die Standortwahl hat Auswirkungen auf die Steuerlast, die Logistik, die Kosten und die Personalverfügbarkeit (Qualität und Quantität). Bei einer Standortanalyse werden unterschiedliche **Standortfaktoren** beurteilt und bewertet. Standortfaktoren sind unterschiedliche Kriterien, anhand derer eine Entscheidung für oder gegen einen Standort getroffen werden kann (Wöhe und Döring 2013).

(222) Standortfaktoren

Standortfaktoren sind Kriterien, anhand derer eine Entscheidung für oder wider einer Eignung eines möglichen Standortes getroffen werden kann.

(223) Unterschiedliche Standortfaktoren

- Verfügbarkeit einer passenden Immobilie/Immobilien
- wirtschaftliche Versorgung und Entsorgung von Betriebsmitteln
- guter Arbeitsmarkt
- passende rechtliche Regelungen
- wirtschaftliche logistische Struktur
- geringe Steuerbelastung
- hohe Subventionen
- gute Erreichbarkeit der Kunden
- Umweltschutzauflagen
- Vorhandensein von Wettbewerbern
- gute Lebensbedingungen für die Mitarbeiter

Der Standort eines Unternehmens kann je nach geografischer Ausbreitung des Unternehmens ein lokaler, regionaler, nationaler oder internationaler Standort sein (Mülder und Lorberg 2015). Ein Unternehmen kann mehrere Standorte im In- und Ausland haben. Dies können Lagerstandorte, Produktionsstandorte, Vertriebsstandorte und Verwaltungsstandorte sein.

Neben der Wahl des Ortes für einen Standort, kann eine Standortentscheidung auch eine **Standorteinheit** oder eine **Standortspaltung** ergeben. Bei einer Standorteinheit werden bestehende Standorte eines Unternehmens an einem Ort zusammengefasst, um Kosten zu sparen oder Synergien zu heben. Bei einer Standortspaltung wird ein bestehender Standort in mehrere Standorte aufgespalten, z. B. wenn die Produktion aller Produkte aktuell an einem Ort erfolgt, aber nun nach Produkten oder Funktionen (Lackiererei, Buchhaltung) getrennt an unterschiedlichen Standorten erfolgen soll (Vahs und Schäfer-Kunz 2015).

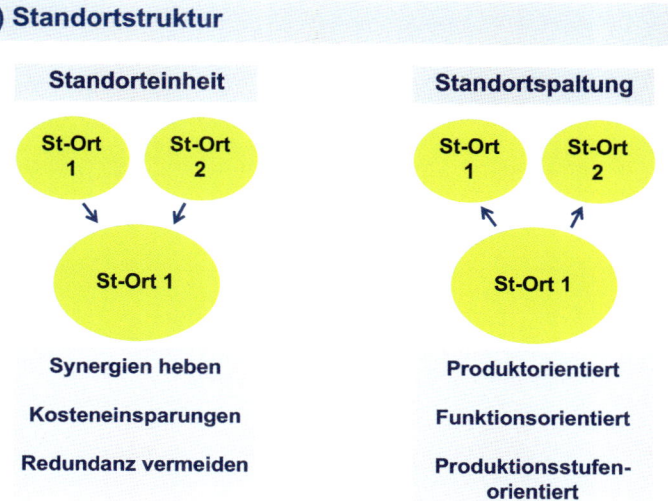

(224) Standortstruktur

Standorteinheit

St-Ort 1   St-Ort 2

St-Ort 1

Synergien heben

Kosteneinsparungen

Redundanz vermeiden

Standortspaltung

St-Ort 1   St-Ort 2

St-Ort 1

Produktorientiert

Funktionsorientiert

Produktionsstufen-
orientiert

Für den Einstieg in einen internationalen Markt gibt es unterschiedliche Möglichkeiten, die sich hinsichtlich Kosten- und Zeitaufwand, Risiko, Möglichkeiten der Einflussnahme und Gestaltung unterscheiden. Je nach Einstiegsvariante kann der Eintritt auch ohne einen eigenen Standort im betreffenden Land erfolgen. Die einfachsten Möglichkeiten sind sich im definierten Auslandsmarkt einen Absatzmittler bzw. Händler zu suchen (direkter Export) oder im Inland einen Zwischenhändler, der die Produkte ins Ausland verkauft (indirekter Export). Aufwendiger, aber mit erheblich größeren Gestaltungsmöglichkeiten, sind die Eröffnung einer eigenen Niederlassung im betreffenden Markt, die Eröffnung eigener Stores/Shops, die Gründung einer Tochtergesellschaft mit (**Joint Venture**) oder ohne andere Partner. Auch die Lizenzvergabe an ein im Auslandsmarkt ansässiges Produktionsunternehmen ist eine Markteinstiegsmöglichkeit (Kotler et al. 2007; Zentes et al. 2013).

(225) Einstieg internationaler Markt

Export, direkt

Hersteller ⟶ Absatzmittler ⟶ Kunde

Export, indirekt

Hersteller ⟶ Zwischenhändler ⟶ Kunde

Eigene Gesellschaft

Hersteller ⟶ Niederlassung Stores Tochtergesellschaft Joint Venture ⟶ Kunde

Lizenzvergabe

Hersteller ⟶ Produktion ⟶ Kunde

(Landesgrenze)

7.3   Übung zu konstitutiven und funktionalen Entscheidungen

(226) Übung Standortwahl

Das Unternehmen produziert Aufsitzmäher und steht vor einer

Standortentscheidung.

Folgende Daten wurden ermittelt:

	Deutschland		Spanien		Dänemark
Produktion/Absatz p.a., Stück	1.000		1.200		1.500
Zeit pro Stück, Stunden	10		10		10
Preis pro Stück, Euro	1.000		1.000		1.000
Zusatzaufwand Verwaltung p.a., Euro			100.000		200.000
Zusatzaufwand Logistik pro Stück, Euro			100		200
Arbeitskosten pro Stunde	40		20		30

Welcher Standort sollte gewählt werden?

Literatur

Achleitner A-K, Thommen J-P (2012) Allgemeine Betriebswirtschaftslehre, 7. Aufl. Springer Gabler, Wiesbaden

Kotler Ph, Armstrong G, Wong V, Saunders J (2011) Grundlagen des Marketing, 5. Aufl. Pearson, München

Mülder W, Lorberg D (2015) Grundlagen der Betriebswirtschaftslehre. Kiehl Verlag, Herne

Vahs D, Schäfer-Kunz J (2015) Einführung in die Betriebswirtschaftslehre, 7. Aufl. Schäffer-Poeschel, Stuttgart

Wöhe G, Döring U (2013) Einführung in die Allgemeine Betriebswirtschaftslehre, 25. Aufl. Vahlen, München

Zentes J, Swoboda B, Schramm-Klein H (2013) Internationales Marketing, 3. Aufl. Vahlen, München

Marketing und Vertrieb

8

▶ **Lernziele dieses Kapitels**

- Kennenlernen der Marketinginstrumente
- Zusammenspiel im Marketing-Mix erkennen

Unter **Absatz** versteht man die Veräußerung, der in einem Unternehmen hergestellten Produkte in einem Markt gegen ein Entgelt (Preis). Die abgesetzte Stückzahl multipliziert mit dem Preis bezeichnet man als Umsatz. Der Begriff **Marketing** geht weiter und versteht sich als eine bewusste, planvolle und bedarfsgerechte Absatzfunktion bis hin zu einer Marktbeeinflussung. Peter F. Drucker (Drucker 1973), ein amerikanischer Ökonom, sagte: „Das eigentliche Ziel des Marketings ist es, das Verkaufen überflüssig zu machen. Das Ziel lautet, den Kunden und seine Bedürfnisse derart gut zu verstehen, dass das daraus entwickelte Produkt genau passt und sich daher von selbst verkauft." Philip Kotler, Gary Armstrong, Veronica Wong und John Saunders (Kotler et al. 2011) definieren den Begriff „Marketing" so: „Marketing ist ein Prozess im Wirtschafts- und Sozialgefüge, durch den Einzelpersonen und Gruppen ihre Bedürfnisse und Wünsche befriedigen, indem sie Produkte und andere Dinge von Wert erzeugen, anbieten und miteinander austauschen."

Marketing in einem weiteren Verständnis beinhaltet das Wecken von Bedürfnissen, das Befriedigen von Bedürfnissen und das Erlangen von Kundenzufriedenheit mit dem Ziel der langfristigen Kundenbindung (Spindler 2016).

© Springer Fachmedien Wiesbaden GmbH 2017
G.-I. Spindler, *Basiswissen Allgemeine Betriebswirtschaftslehre,*
DOI 10.1007/978-3-658-18630-2_8

8.1   Produkt- und Sortimentspolitik

Unter dem Begriff **Produkt- und Sortimentspolitik** werden alle Maßnahmen hinsichtlich des Angebots eines Unternehmens in Richtung Kunde verstanden. Die Leistung eines Unternehmens kann aus einem Produkt, einem Sortiment von Produkten oder Dienstleistungen bestehen (Spindler 2016).

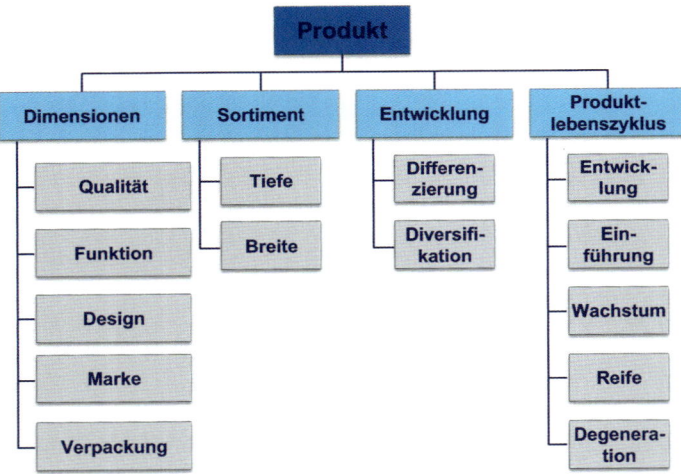

(227) Übersicht Produktpolitik

Ein Produkt oder Angebot wird durch folgende Charakteristika, die **Produktdimensionen** (Kotler et al. 2011), bestimmt:

- Qualität
- Funktion/Ausstattung
- Design/Optik
- Marke/Name
- Verpackung

In der Produktpolitik werden die Begriffe Sortimentstiefe und Sortimentsbreite unterschieden. Von **Sortimentstiefe** spricht man, wenn z. B. ein Lebensmittelhersteller verschiedene Marmeladen anbietet, also Erdbeere, Kirsche etc. Von **Sortimentsbreite** spricht man, wenn z. B. ein Lebensmittelhersteller neben Marmelade auch Milchprodukte anbietet (Meffert et al. 2012).

Ein Produkt kann sich entwickeln bzw. verändert werden und es entstehen neue Produkte. Die neuen Produkte werden hinsichtlich Ausstattung und Preis vom ursprünglichen Produkt unterschieden (differenziert). Die Anwendung bzw. der Nutzen für den Verbraucher bleibt im Wesentlichen unverändert. Dieses Vorgehen wird als **Produktdifferenzierung** bezeichnet. Wird mit einem neuen Produkt ein Markt betreten, in dem das Unternehmen bisher nicht aktiv war, wird dies als **Produktdiversifikation** bezeichnet. Beispiel: Apple als Computerhersteller tritt mit dem iPhone in den Telekommunikationsmarkt ein (Spindler 2016).

Jedes Produkt bzw. Angebot unterliegt einem **Produktlebenszyklus**. Die einzelnen Phasen des Produktlebenszyklus werden wie folgt unterschieden (Meffert et al. 2012; Kotler et al. 2011):

- **Entwicklung des Produkts:** Das Produkt wird entwickelt, und die ersten Stückzahlen werden produziert. Das Produkt ist noch nicht im Markt.
- **Markteinführungsphase:** Das Produkt wird in den Markt eingeführt, und die ersten Kunden kaufen das Produkt.
- **Wachstumsphase:** Das Produkt wächst im Markt, und die Distribution erhöht sich.
- **Reife- bzw. Sättigungsphase:** Das Produkt erreicht seinen Absatzhöhepunkt im Markt. Da schon viele Kunden das Produkt gekauft haben, verlangsamt sich das Wachstum.
- **Degenerations- bzw. Eliminierungsphase** (Produktausstieg): Absatz und Gewinn gehen zurück. Das Unternehmen wird entscheiden, ob das Produkt aus dem Markt genommen und durch ein Nachfolgeprodukt ersetzt werden soll.

8.2 Kommunikationspolitik

Innerhalb der **Kommunikationspolitik** geht es darum, dem Kunden den Nutzen und die Vorteile des Produktes zu vermitteln. Die Kommunikation mit dem Kunden ist ein wichtiges Instrument, um die Dauerhaftigkeit einer Kundenbeziehung zu fördern und natürlich um neue Kunden auf das Angebot aufmerksam zu machen.

Die Kommunikationspolitik setzt dazu sowohl Informationen, als auch Emotionen in ihrer Ansprache des Verbrauchers ein. Die Werbung, als ein Instrument der Kommunikationspolitik, verwendet daher oft Abbildungen und Personen, die beim Betrachter bestimmte Reaktionen und Assoziationen hervorrufen.

In der Kommunikationspolitik gibt es verschiedene Instrumente, deren Aussagen und Inhalt in Richtung Kunde und Öffentlichkeit abgestimmt sein müssen: Werbung, persönlicher Verkauf, Verkaufsförderung, Öffentlichkeitsarbeit, und Direkt-Marketing (Spindler 2016).

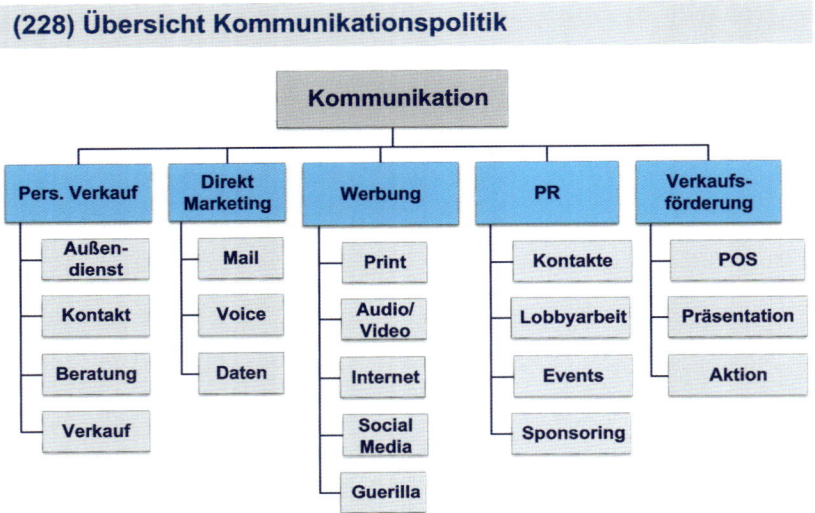

(228) Übersicht Kommunikationspolitik

Werbung ist die gezielte, nicht persönliche Präsentation von Angeboten in Medien gegen Bezahlung, mit dem Ziel der Information und Meinungsbeeinflussung.

Ziel der **Öffentlichkeitsarbeit** (Public Relations = PR) ist, in der Öffentlichkeit für das eigene Unternehmen Vertrauen aufzubauen, zu festigen und einem negativen Eindruck entgegenzutreten.

Die Lobbyarbeit, mit dem Ziel die Unternehmensinteressen auch bei Politikern zu vertreten und zu platzieren, gehört ebenso dazu, wie der Kontakt zu Redakteuren unterschiedlicher Medien.

Aufgaben der Öffentlichkeitsarbeit: Aufbau der externen und internen Unternehmenskommunikation, Kontaktpflege zu Presse, Funk, TV, Kontaktpflege zu Shareholdern, Lieferanten, Arbeitnehmern, Vertrauen bilden, Veröffentlichung von Artikeln (Unternehmen, Produkte), Lobbyarbeit.

Ziel des **persönlichen Verkaufs** ist, durch den Aufbau einer persönlichen Beziehung zum Kunden einen Verkaufsabschluss für das Produkt zu erzielen.

Inhalte: Mensch-zu-Mensch-Kommunikation, Kundensuche, Informations-beschaffung, Aufbau einer Kundenbeziehung, Beratung, Verkauf, Betreuung, Service, Außendienstorganisation, D2D (Door to Door)-Verkauf, Außendienst – Endverbraucher/Außendienst – Handel.

Die **Verkaufsförderung** soll den Verkaufsprozess kurzfristig durch einen spe-ziellen Zusatznutzen für den Kunden unterstützen und einen direkten Verkaufs-abschluss herbeiführen. Folgende Ziele hat die Verkaufsförderung im Detail: Unterstützung der Werbemaßnahmen, Abgrenzung vom Wettbewerb, Unterstüt-zung für Abverkauf im Handel, Kunden zum Produkttest animieren, Neukunden gewinnen, Bevorratung im Handel erhöhen, Marktanteil erhöhen, Kundenbindung schaffen. Die Verkaufsförderung setzt u. a. die folgenden Mittel ein: Zusätzlicher Nutzen für den Kunden, Sondernachlässe, Paletten-Aktionen, „Nimm 3, zahl 2", Mengenrabatt, Treuepunkte, „Alt gegen Neu", Verkostung.

Direkt-Marketing sind Maßnahmen, um in der direkten Kundenansprache, auf persönlicher oder medialer Basis eine direkte Reaktion vom Kunden zu erhal-ten. Folgende Instrumente werden im Direkt-Marketing eingesetzt: Persönliche Ansprache, Direct Mailing (Postwurfsendung), Telefonkontakt, Antwortcoupons in Anzeigen oder Mailings, Kataloge, Social Media, Link zur Homepage, Bestell-Hotline in TV-Verkaufskanälen (Homeshopping TV), Interaktives TV (Videotext).

Direkt-Marketing-Maßnahmen wie z. B. Direct Mailings, die direkt an poten-zielle Kunden oder bestehende Kunden versendet werden, sind in der Regel günstiger als breit angelegte Werbekampagnen. Dadurch, dass Kundenadressen genutzt werden, werden auch nur für das Unternehmen interessante Kunden bzw. potenzielle Kunden angesprochen. Dagegen weisen breite Kampagnen oft hohe Streuverluste auf, das heißt, es werden auch Personen erreicht und angespro-chen, die nicht als Zielgruppe infrage kommen. Inhalte: Direkter Dialog zwischen Unternehmen und Kunde, Post/Mail/Telefon/Internet, gezielte Kundenansprache, geringere Reichweite, geringere Streuverluste, Erhöhung Kundennähe und Kun-denbindung, gepflegte Kundendatenbank, spezielle Kundensegmente, Einver-ständniserklärung des Kunden, Database Management.

8.3 Preispolitik

Die **Preispolitik** (Preisfestlegung eines Produktes) ist eine zentrale Aufgabe im Markt. Die Herstellungskosten zeigen eine untere Basis, auf die noch Beträge für u. a. Vertrieb, Handelsmargen, Marketing und Gewinn aufgeschlagen werden müssen. Der damit über die Kostenkalkulation rechnerisch ermittelte Verkaufs-preis für den Kunden muss wiederum vom Kunden akzeptiert werden und in das

Wettbewerberumfeld passen, sonst ist das Produkt unverkäuflich. Verkaufspreis und Herstellungskosten bestimmen die Marge, die ein Unternehmen mit einem Produkt erwirtschaften kann. Jede preispolitische Maßnahme wirkt sich auf die Marge aus (Spindler 2016).

Jedes Produkt unterliegt einer Preis-Absatz-Funktion, das heißt einer Relation zwischen Marktpreis und Verkaufsmenge. Je höher der Preis desto geringer die Stückzahlen, die an die Kunden abgesetzt werden können (Wöhe und Döring 2013).

- Bei einer **kostenorientierten Preisfindung** werden die Herstellkosten als Basis genommen und unterschiedliche Beträge für Vertrieb, Marketing, Händlermarge etc. hinzu addiert. Nach Aufschlag aller Beträge ergibt sich der Marktpreis für das Produkt.
- Bei der **marktorientierten Preisfindung** orientiert sich ein Unternehmen primär an den Preisen der Wettbewerber für vergleichbare Produkte. Die Herstellkosten stellen dabei nur eine Untergrenze dar.
- Bei einer **wertorientierten Preisfindung** bildet sich der Preis primär über die Wertvorstellung der Verbraucher. Hat das Produkt einen hohen Nutzen und eine Alleinstellung ist der Kunde auch bereit einen hohen Preis für das Produkt zu bezahlen (Achleitner und Thommen 2012).

Eine andere Art der Preisdifferenzierung erfolgt mit Hilfe von **Handelsmarken.** Dies sind Produkte, die ein Unternehmen speziell für einen Handelspartner produziert und auch mit dessen Logo/Marke versieht. Der Handelspartner will auf diesem Weg aus der Vergleichbarkeit der Produkte herauskommen und die Produkte etwas höher im Preis anbieten. Das produzierende Unternehmen erwartet Mengenzuwächse. Andere Handelsmarken werden gezielt auf untere Preislagen positioniert, die wiederum der Markenanbieter nicht belegen möchte. Oft sind Originalprodukt (Marke des Unternehmens) und Handelsmarke identisch und unterscheiden sich nur in Verpackung und Marke. Bei einer Positionierung einer Handelsmarke im unteren Preissegment werden Rezepturen oder Materialien gegenüber der Marke des produzierenden Unternehmens geändert. Produkte, die für andere produziert werden, werden auch als **OEM-Produkte** (Original Equipment Manufacturer) bezeichnet.

Während des Lebenszyklus eines Produktes kann es aus verschiedenen Gründen die Notwendigkeit zu einer Preisanpassung geben. Die Kosten für ein Produkt steigen, sodass die erzielten Umsätze nicht mehr ausreichend Deckungsbeitrag abwerfen. Oder ein Wettbewerber bietet ein vergleichbares oder sogar besseres Produkt günstiger an, sodass die eigene Absatzmenge zurückgeht.

Bei Auswirkungen auf den eigenen Absatz hat ein Unternehmen u. a. folgende Möglichkeiten zu reagieren: Preissenkung, Qualitätssteigerung bei gleichem Preis, Erhöhung der Ausstattung bei moderater Preiserhöhung, Einführung einer „Second Brand" (Zweitmarke) im Preissegment des Wettbewerbers. Andersherum gilt dies analog: Wird der Preis für ein Produkt verändert, wird das Reaktionen der Wettbewerber hervorrufen.

Um ein Produkt nicht im Preis zu senken, werden oft Rabatte oder Aktionsnachlässe gewährt, die kurzfristigen Charakter haben und den festgelegten Verkaufspreis nicht verändern.

(229) Übersicht Preispolitik

8.4 Distributions- und Vertriebspolitik

Die Aufgabe der Distributionspolitik ist es, **die richtige Ware zum richtigen Zeitpunkt am richtigen Ort zu haben.**

Die Distributionspolitik (Spindler 2016) beschreibt die Art und Weise wie das Produkt zum Kunden gelangt. Sie beeinflusst die Wahrnehmung des Produktes beim Kunden, die Produktverfügbarkeit und den Bereich der Lieferung. Ein Unternehmen kann dazu unterschiedliche Absatzorgane (Händler, Außendienst, eigene Geschäfte) und Vertriebswege (direkt, mehrstufig) nutzen.

Produkte können unterschiedliche Absatzsaisonale haben. Winterreifen werden in der Regel nur im Winter verkauft, Lebensmittel hingegen werden relativ gleichmäßig über das gesamte Jahr abgesetzt.

Ein Absatzmittler (z. B. ein Händler) hat die Aufgabe, die Kunden über das Produkt zu informieren, es entsteht eine Kommunikation zwischen Käufer und Verkäufer über das Produkt. Ein Absatzmittler stellt den Kontakt zum Kunden her, den das produzierende Unternehmen nicht selbst herstellen kann, er verteilt physisch die Ware über seine Geschäfte und verkauft und liefert die Produkte.

Wird das Produkt im direkten Vertrieb vermarktet, so übernimmt das produzierende Unternehmen selbst die Absatzfunktion. Ein nicht direkter Vertrieb wird als **mehrstufiger Vertrieb** bezeichnet. Ein **einstufiger Vertrieb** liegt vor, wenn das produzierende Unternehmen an einen Handelspartner (z. B. Edeka, Rewe) verkauft und die Produkte dort dem Endkunden angeboten werden. Erfolgt der Vertrieb über den Großhandel (Metro, Selgros), der wiederum den Einzelhandel bedient, spricht man von einem zweistufigen Vertrieb. **Franchise** bezeichnet eine Vertriebsform (z. B. McDonalds), bei der ein Franchisegeber gegen eine Gebühr sein Konzept und seine Marke an Franchisenehmer übergibt. Das Internet übernimmt bei vielen Unternehmen zunehmend die Funktion des Absatzkanals im direkten Vertrieb und wird bei Portalen zum Absatzmittler im einstufigen Vertrieb.

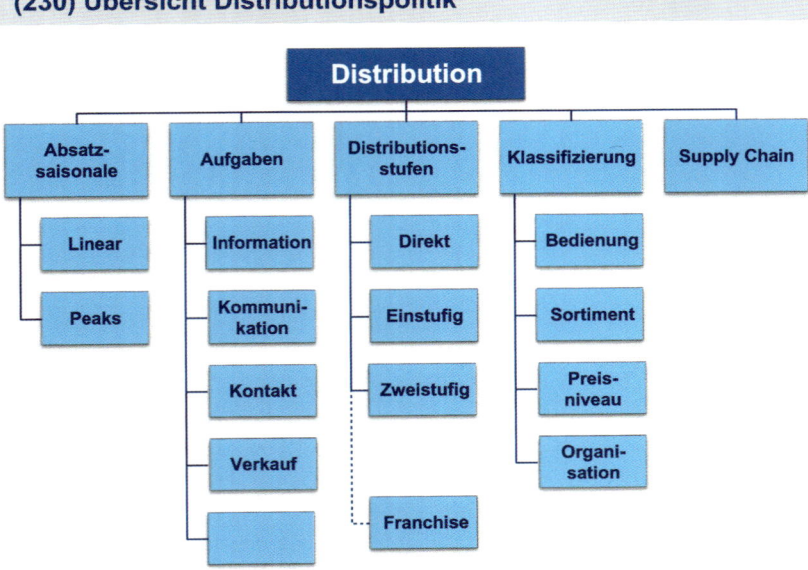

(230) Übersicht Distributionspolitik

Absatzmittler lassen sich nach unterschiedlichen Kriterien klassifizieren: Bedienung (oder Selbstbedienung), Größe und den Umfang des Sortiments, Preisniveau (z. B. Discounter) und Organisation (Einzelgeschäft, Filiale) (Spindler 2016).

8.5   Übung zu Marketing und Vertrieb

(231) Übung Marketing - Kampagnen

Welche Marketingkampagnen haben Sie besonders beeindruckt?

Welche empfanden Sie als störend?

(232) Übung Marketing - Verpackung

Wie kann eine Verpackung durch die anderen Produktdimensionen

beeinflusst werden?

(233) Übung Marketing - Direktmarketing

Warum sind in der Regel Direkt-Marketing-Maßnahmen günstiger als

z. B. eine Kampagne im TV?

(234) Übung Marketing - Preispolitik

Warum arbeiten Unternehmen gerne mit Nachlässen oder Zugabe-

Aktionen, als generell den Preis eines Produktes zu ändern?

(235) Übung Marketing - Franchise

Wo liegen die Vorteile eines Franchise-Systems?

Literatur

Achleitner A-K, Thommen J-P (2012) Allgemeine Betriebswirtschaftslehre, 7. Aufl. Springer Gabler, Wiesbaden

Drucker PF (1973) Management: Tasks, responsibilities, practices. Harper & Row, New York

Kotler Ph, Armstrong G, Wong V, Saunders J (2011) Grundlagen des Marketing, 5. Aufl. Pearson, München

Meffert H, Burmann Ch, Kirchgeorg M (2012) Marketing, 11. Aufl. Springer Gabler, Wiesbaden

Spindler G-I (2016) Basiswissen Marketing. Springer Gabler, Wiesbaden

Wöhe G, Döring U (2013) Einführung in die Allgemeine Betriebswirtschaftslehre, 25. Aufl. Vahlen, München

Übung Produktivität

(236) Übung Ziele Produktivität

Basisdaten

10 kg Teig ergeben 1.000 Brötchen
1 kg Teig kostet 15,00 Euro
1 Brötchen kostet 0,15 Euro

Wie hoch ist die Produktivität?

$$P = \frac{1.000 \text{ Brötchen}}{10 \text{ kg Teig}} = 100 \text{ B/kg T}$$

**Steigerung Produktivität um 10 %
= 110 Brötchen/kg Teig**

Produktivität

mengenmäßiger Output
mengenmäßiger Input

Ansatz Output

$$\frac{110 \text{ B}}{1 \text{ kg T}} = \frac{x}{10 \text{ kg T}}$$

110 * 10 = x

x = 1.100

1.100 Brötchen/10 kg Teig

Ansatz Input

$$\frac{110 \text{ B}}{1 \text{ kg T}} = \frac{1.000 \text{ B}}{x \text{ kg T}}$$

110x = 1.000

$$x = \frac{1.000}{110}$$

9,09 kg Teig für 1.000 Brötchen

© Springer Fachmedien Wiesbaden GmbH 2017
G.-I. Spindler, *Basiswissen Allgemeine Betriebswirtschaftslehre,*
DOI 10.1007/978-3-658-18630-2_9

Übung Wirtschaftlichkeit

(237) Übung Ziele Wirtschaftlichkeit

Basisdaten

10 kg Teig ergeben 1.000 Brötchen
1 kg Teig kostet 15,00 Euro
1 Brötchen kostet 0,15 Euro

Wie hoch ist die Wirtschaftlichkeit?

$$W = \frac{1.000 \text{ Brötchen} * 0,15 \text{ Euro}}{10 \text{ kg Teig} * 15,00 \text{ Euro}} = 1$$

Steigerung Wirtschaftlichkeit um 10 %
= 1,1

Wirtschaftlichkeit

wertmäßiger Output (Ertrag)
wertmäßiger Input (Aufwand)

Ansatz Output	**Ansatz Input**
$1,1 = \frac{x \text{ B} * 0,15 \text{ €}}{10 \text{ kg T} * 15 \text{ €}}$	$1,1 = \frac{1.000 \text{ B} * 0,15 \text{ €}}{x \text{ kg T} * 15 \text{ €}}$
$x \text{ B} = \frac{1,1 * 10 * 15}{0,15}$	$x \text{ kg T} = \frac{1.000 * 0,15}{15 * 1,1}$
1.100 Brötchen/10 kg Teig	**9,09 kg Teig einsetzen für 1000 B**
1,1 = 1.000 B*x Euro/10 kg T *15	1,1 = 1.000 B*0,15/10 kg T *x Euro
x = 1,1*10*15/1.000 = 0,165	x = 1.000*0,15/*1,1*10 = 13,64
1.000*0,165/10*15 = 165/150 = 1,1	1.000*0,15/10*13,64 = 1,1
Brötchenpreis auf 16,5 Cent	**1 kg Teig für 13,64 Euro kaufen**

Übung Rentabilität

(238) Übung Gewinn/Rentabilität

Basisdaten

Sie sind Inhaber eines
Lebensmittelgeschäftes.

Eigenkapital = 100.000 Euro
Gewinn   =   20.000 Euro

Wie hoch ist die Rentabilität?

$$\frac{\text{Gewinn}}{\text{Eigenkapital}} \qquad \frac{20.000}{100.000} = 20 \text{ \%}$$

Überlegung

Angliederung Getränkemarkt.

Kosten = 100.000 Euro
Gewinn =   10.000 Euro
(Getränkemarkt)

Wie ändert sich der Gewinn?

$$20.000 + 10.000 = 30.000$$

Aber
Sie brauchen dafür einen
Partner (Gewinnteilung 50 %)

Wie ändert sich die Rentabilität?

$$\frac{15.000}{100.000} = 15 \text{ \%}$$

Übung Produktionsfaktoren Kombination

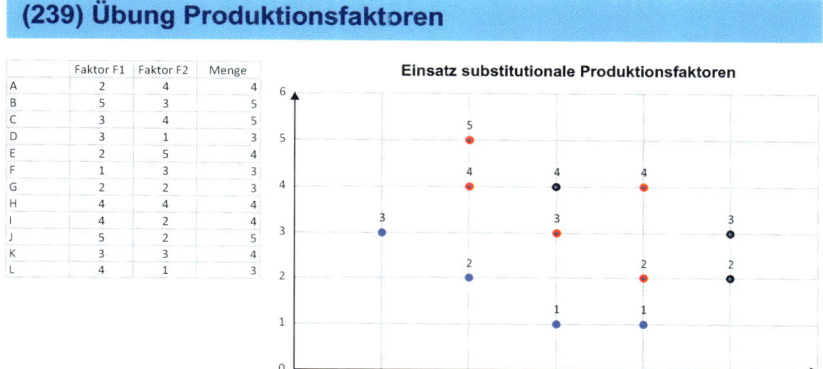

(239) Übung Produktionsfaktoren

	Faktor F1	Faktor F2	Menge
A	2	4	4
B	5	3	5
C	3	4	5
D	3	1	3
E	2	5	4
F	1	3	3
G	2	2	3
H	4	4	4
I	4	2	4
J	5	2	5
K	3	3	4
L	4	1	3

Einsatz substitutionale Produktionsfaktoren

(240) Übung Produktionsfaktoren

	Faktor F1	Faktor F2	Menge
A	2	4	4
B	5	3	5
C	3	4	5
D	3	1	3
E	2	5	4
F	1	3	3
G	2	2	3
H	4	4	4
I	4	2	4
J	5	2	5
K	3	3	4
L	4	1	3

Einsatz substitutionale Produktionsfaktoren

Übung Grenzkosten

Bei einem Verkauf zu Grenzkosten werden nur die variablen Kosten gedeckt, eine Deckung der Fixkosten liegt nicht vor. Dauerhaft wird das Unternehmen so keinen Gewinn erwirtschaften und Verluste schreiben.

Übung Break-even-Menge

(241) Übung Break-Even-Menge

Fixkosten	Preis	variable Stückkosten	Break-Even-Menge
300.000	14,00	10,00	75.000
300.000	18,00	10,00	37.500
300.000	22,00	10,00	25.000
500.000	3,00	0,50	200.000

Übung Materialwirtschaft: Lagerkennzahlen

(242) Übung Lagerkennzahlen

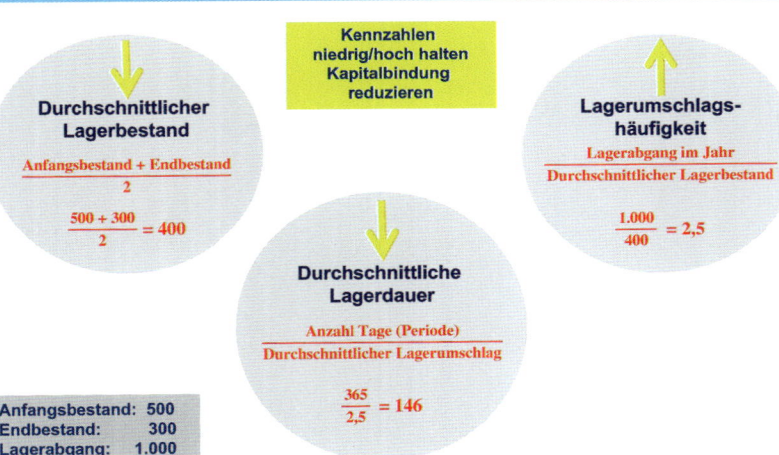

Übung Materialwirtschaft: Bedarfsplanung

(243) Übung Materialwirtschaft

Papierbetrieb

Aufträge liegen vor:
4.000 m³ für Produktion Bücher
2.500 m³ für Produktion Prospekte

Holzlieferant A:
2.000 m³ Holz für 80 %/20 % (Bücher/Prospekte)

Holzlieferant B:
4.000 m³ Holz für 40 %/60 % (Bücher/Prospekte)

Reicht das Material für die vorliegenden Aufträge aus?

Lieferant A:

2.000 m³	= 80 % für Bücher	= 1.600 m³
	= 20 % für Prospekte	= 400 m³

Lieferant B:

4.000 m³	= 40 % für Bücher	= 1.600 m³
	= 60 % für Prospekte	= 2.400 m³
===>	3.200 m³ für Bücher	**reicht nicht**
	2.800 m³ für Prospekte	**ok**

Wieviel m³ von Lieferant A werden zusätzlich benötigt?

Aber dann auch + 200 m³ für Prospekte! ➔

Differenzmenge = 4.000 m³ – 3.200 m³ = 800 m³

800 m³/0,8 = 1.000 m³

Übung Rechnungswesen

(244) Übung Rechnungswesen

Einzahlungen/Auszahlungen

Veränderung von:
Kassenbestand
+ Bankguthaben
= **Zahlungsmittelbestand**

Barzahlung einer Lieferantenrechnung

Aufnahme Bankkredit, Zahlung auf Konto

Kauf Maschine, Sofortüberweisung

Einnahmen/Ausgaben

Veränderung von:
Zahlungsmittelbestand
+ Forderungen
- Verbindlichkeiten
= **Geldvermögen**

Kauf von Rohstoffen auf Ziel

Verkauf Maschine zum Buchwert auf Ziel

Aufwand/Ertrag

Veränderung von:
Geldvermögen
+ Sachvermögen
= **Reinvermögen**

Verkauf Maschine über Buchwert

Lagerhalle brennt ab, keine Versicherung

Übung Bilanz

(245) Übung Bilanz

Aktiva		Passiva	
A. Anlagevermögen (AV)		**A.** **Eigenkapital (EK)**	
1. Immaterielle Vermögens-		1. Gezeichnetes Kapital	250.000
Gegenstände	20.000	2. Kapitalrücklage	500.000
2. Sachanlagen (300.000+250.000)	550.000	3. Gewinn-/Verlustvortrag	100
3. Finanzanlagen (100.000+73.000)	173.000		
		B. Verbindlichkeiten	
B. Umlaufvermögen (UV)		1. Verbindlichkeiten	
1. Vorräte (3.500+2.500+1.100)	7.100	ggü. Banken (20.000+200.000)	220.000
2. Forderungen (50.000+150.000)	200.000	2. Verbindlichkeiten aus	
3. Kassenbestand, Konten	25.000	Lieferungen und Leistungen	5.000
Bilanzsumme	975.100	Bilanzsumme	975.100

1.	Kredit von Bank 1	20.000.-	
2.	Fertigprodukte auf Lager	3.500.-	
3.	Grundstück	300.000.-	
4.	Schulden aus Liefervertrag	5.000.-	
5.	Gewinn aus Geschäftsjahr	100.-	
6.	Halbfertigprodukte auf Lager	2.500.-	
7.	Kassenbestand	25.000.-	
8.	Darlehen von Bank 2	200.000.-	
9.	Gezeichnetes Kapital	250.000.-	

10.	Kapitalrücklage	500.000.-
11.	Forderungen an Kunde 1	50.000.-
12.	Patent	20.000.-
13.	Nägel, Schmierstoffe	1.100.-
14.	Maschinen	250.000.-
15.	Forderungen aus Verkauf Produkte	150.000.-
16.	Aktien an Unternehmen	100.000.-
17.	Beteiligungen	73.000.-

Übung Bewertungsmaßstäbe

(246) Übung Bewertungsmaßstäbe

Richtige oder falsche Bewertungsansätze?

Ein Grundstück wurde zu 50.000 ⟵
Euro gekauft. Am Bilanzstichtag hat
es einen Wert von 70.000 Euro.
Vorsichtshalber wird das Grundstück
mit 60.000 Euro angesetzt.

Waren wurde für 10.000 Euro
gekauft. Am Bilanzstichtag haben die
Waren einen Wert von 8.000 Euro.
Ansatz: 9.000 Euro
Ansatz: 8.000 Euro ⟵
Ansatz: 10.000 Euro

Produkte im Wert von 1.000 US-
Dollar werden ins Ausland auf Ziel
geliefert. Dollarkurs bei Lieferung
1,10 Euro, am Bilanzstichtag bei 0,90
Euro. Forderungen:
Ansatz: 900 Euro ⟵
Ansatz: 1.100 Euro

Produkte im Wert von 1.000 US-
Dollar werden ins Ausland auf Ziel
geliefert. Dollarkurs bei Lieferung
1,10 Euro, am Bilanzstichtag bei 1,20
Euro. Forderungen:
Ansatz: 1.200 Euro
Ansatz: 1.100 Euro ⟵

Ein deutscher Importeur erhielt aus
dem Ausland waren im Wert von
1.000 US-Dollar. Dollarkurs bei
Lieferung 1,10 Euro, am
Bilanzstichtag bei 0,90 Euro.
Verbindlichkeiten:
Ansatz: 900 Euro
Ansatz: 1.100 Euro ⟵

Bilanz Adressaten

(247) Übung Bilanz

1. **Für wen ist die Bilanz wichtig?**

   Staat, Gläubiger,
   Kapitalgeber, Lieferanten,
   Mitarbeiter

2. **Welche Informationen enthält sie?**

   Liquidität, Geldgeber,
   Werte, Risiken

3. **Warum ist der Aussagewert begrenzt?**

   Stichtagsbezogen

4. **Was gehört nicht in die Bilanz?**

   Vermögen/Schulden
   Dritter, Privatvermögen,
   private Schulden

Übung GuV

(248) Übung GuV

1. Wie hoch ist das Ergebnis?

GuV

Aufwendungen		Erträge	
Wareneinsatz	1.500	Umsatzerlöse	2.400
Personalaufwand	500	Mieterlöse	400
Aufwand Mietwohnung	200		
Abschreibung	200		
Sonstige Aufwendungen	250		
Aufwand	2.650	Ertrag	2.800
		Gewinn	**150**

2. Wie hoch ist das neutrale/ außerordentliche Ergebnis?

Neutraler Ertrag   = 400
- Neutraler Aufwand   = 200

Neutrales Ergebnis = 200

3. Wie hoch ist das Ergebnis der gewöhnlichen Geschäftstätigkeit?

Gesamtergebnis   =   150
- Neutrales Ergebnis   =   200

Ordentliches Ergebnis = - 50

Übung Bilanz und GuV

(249) Übung Bilanz und GuV

Quelle: Wöhe, Kaiser, Döring, Übungsbuch zur Allg. BWL

Eröffnungs-Bilanz

Soll		Haben	
Forderungen		Eigenkapital	170
Schuldner A 20		Rückstellungen	50
Schuldner B 100	120		
		Verbindlichkeiten	80
Vorräte	100		
Bank	80		
	300		300

Schluss-Bilanz

Soll		Haben	
Maschine	60	Eigenkapital	170
Forderungen		Gewinn	11
Schuldner A	0	Rückstellungen (50-10)	40
Schuldner B	100		
Vorräte (lt. Inventur)	38	Verbindlichkeiten	80
Forderungen aus L+L	95		
Bank 80-80 + 6 + 2	8		
	301		301

GuV

Soll		Haben	
Wareneinsatz	50	Umsatzerlöse	95
Abschreibung	20	Zinsertrag	6
Sonstiger betrieblicher Aufwand 18+12	30	Sonstiger Ertrag	10
Gewinn	11		
	111		111

Kauf Maschine für 80 gegen Überweisung. Lineare Abschreibung über 4 Jahre

Verkauf Hälfte der Waren für 95 auf Ziel

Schuldner B überweist Zinsen von 6

Schuldner A pleite, Insolvenzverwalter überweist 2

Prozessgewinn (Rückstellung vorhanden) von 10

Teil Ware kaputt: Schaden 12

Vorräte lt. Inventur 38

Übung Konsolidierung

- **Volkswagen:** Motorenlieferung an andere Konzerntöchter (Audi, Seat, Skoda etc.). Dto. Getriebe, Software etc.
- **Zara:** Design, Stoffe, Garne.
- **Swatch:** Uhrwerke für andere Schwesterunternehmen. Dto. Gehäuse, Zeiger.
- **L´oréal:** Rezepturen.

Übung Bilanzpolitik

(250) Übung Bilanzpolitik

Sie sind ein Unternehmen, das Bademode produziert und verkauft.

Ihre Produktion läuft zwölf Monate, die Produkte verkaufen Sie in den Monaten April bis August an den Fachhandel.

Wie sind die einzelnen Bilanzpositionen zu den verschiedenen Stichtagen?

Bilanzstichtag	Vorräte	Forderungen	Liquidität	Verbindlichkeiten
März	hoch	gering	gering	hoch
September	gering	hoch	hoch	gering

Übung Cashflow

(251) Übung Cash Flow

	GuV	
Umsatzerlöse		2.000
+ sonstige betriebl. Erträge		+ 1.250
: Provisionserträge	950	
: Auflösung Rückstellung	300	
- Materialaufwand		- 800
- Personalaufwand		- 920
- Abschreibungen auf AV		- 580
- Rückstellung Garantie		- 130
- Zinsaufwand		- 1.000
Ergebnis		**- 180**

A

Cash Flow	
Ergebnis	- 180
+ Abschreibungen	+ 580
+ Zuführung Rückstellung	+ 130
- Auflösung Rückstellung	- 300
Cash Flow	**230**

B

Einzahlungen		Auszahlungen	
Umsatz	2.000	Material	800
Provision	950	Personal	920
		Zinsen	1.000
	2.950		**2.720**

Cash Flow	**230**

Übung Jahresabschlussgestaltung

- Nutzungsdauer Maschine verkürzen (kürzere Afa-Perioden, höhere Afa)
- Außerplanmäßige Abschreibungen auf Waren
- Wertberichtigungen auf Forderungen (schwierige Zahler)
- Rückstellungen für Garantieverpflichtungen bilden

Übung Kostenumlage

- **Verteilungsschlüssel:** Abgesetzte Stückzahlen der Produkte, Umsatz der Produkte, Deckungsbeitrag der Produkte.
- **Gefahren:** Produkte mit geringer Marge erhalten „zu viel" Kostenumlage (Gefahr Produkte „tot zu rechnen")

Übung Kalkulation

(252) Übung Kalkulation

Kleine Boutique	Ergebnis p. m.	
Basisdaten:	Umsatz: 4.000 Euro (400*10)	
• Miete 1.000 Euro/p.m.	Kosten: 1.000 Euro (Miete)	**Durchschnittskosten:**
• Kosten T-Shirt 5 Euro	+ 2.000 Euro (400*5)	3.000 Euro/400 = 7,50 Euro
• Preis T-Shirt 10 Euro	-------------------------------	
• Absatz 400 Stück p.m.	Gewinn: 1.000 Euro	

Discounter bietet T-Shirt für 7 Euro als zeitlich begrenzte Aktion an.

Was tun?

Ergebnis bei Preis 7 Euro	Wird nicht auf den Wettbewerbspreis eingegangen, ist die gesamte Nachfrage verloren.	Preisuntergrenze:
Umsatz: 2.800 Euro (400*7)		var. Kosten = 5 Euro
Kosten: 1.000 Euro (Miete)		
+2.000 Euro (400*5)	Da Fixkosten nicht kurzfristig veränderbar sind, ist die Preisuntergrenze zu ermitteln.	Deckungsbeitrag:

Verlust: 200 Euro p.m.		7 – 5 = 2 Euro

Übung Kosten

Entwicklungskosten, Vertriebskosten, Marketingkosten, Produktion, Einkauf der Rohstoffe, Miete, Personal, Betriebskosten.

Übung Finanzplanung

(253) Übung Finanzplanung

Welche Maßnahmen können ergriffen werden, …

wenn der Zahlungsmittelbestand höher als geplant ist?	wenn der Zahlungsmittelbestand kleiner als geplant ist?
Zusätzliche Investitionen	Streichung von Investitionen
Kapitalrückzahlung	Kapitalzuführung
Schuldentilgung	

Übung Unternehmensverbindung

- **BMW:** Vertikal: Zulieferer (Reifen, Felgen, Sitze etc.). Horizontal: andere Automobilhersteller.
- **H&M:** Vertikal: Stofflieferanten, Schafzucht (eigene Wolle). Horizontal: andere Label, Vertriebsgemeinschaft mit Anderen.
- **McDonalds:** Vertikal: Eigene Rinderzucht, Verpackungsindustrie, Küchengeräte.hersteller. Horizontal: andere Fast-Food-Anbieter (vegan).

Übung Personal/Organisation

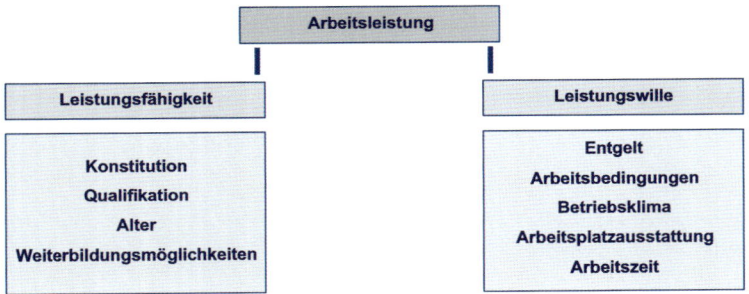

Übung Standortwahl

(255) Übung Standortwahl

Das Unternehmen produziert Aufsitzmäher und steht vor einer Standortentscheidung.

Folgende Daten wurden ermittelt:

	Deutschland	Spanien	Dänemark
Produktion/Absatz p.a., Stück	1.000	1.200	1.500
Zeit pro Stück, Stunden	10	10	10
Preis pro Stück, Euro	1.000	1.000	1.000
Zusatzaufwand Verwaltung p.a., Euro		100.000	200.000
Zusatzaufwand Logistik pro Stück, Euro		100	200
Arbeitskosten pro Stunde	40	20	30

Welcher Standort sollte gewählt werden?

Umsatz, Euro	1.000.000	1.200.000	1.500.000
Arbeitskosten, Euro	400.000	240.000	450.000
Zusatzaufwand Verwaltung, Euro	0	100.000	200.000
Zusatzaufwand Logistik, Euro	0	120.000	300.000
Gewinn, Euro	600.000	740.000	550.000

Übung Marketingkampagnen
Je nach eigenem Empfindungen und Erfahrungen.

Übung Produktpolitik

- Hochwertiges Produkt/Marke benötigt hochwertige Verpackung (s. Apple).
- Technisches oder teures Produkt benötigt hohen Schutz des Produktes.
- Design-Produkt bedingt auch Design-Verpackung.
- Erklärungsbedürftiges oder völlig neues Produkt benötigt viele Informationen auf der Verpackung.

Übung Kommunikationspolitik
Gezielte Ansprache potenzieller Kunden (Adressen vorhanden), weniger Streuverluste. Es müssen deutlich weniger Menschen angesprochen werden, da die Zielgruppe selektiert werden kann. Anzeigen in Zeitschriften (außer special interest) und TV-Werbung wird von allen gesehen, nicht nur von der Zielgruppe, hohe Kontaktpreise.

Übung Preispolitik

Wird ein Auslaufprodukt im Preis gesenkt und das Nachfolgeprodukt wieder auf den „alten" (bisherigen) Preis gesetzt, wirkt das beim Verbraucher wie eine Preiserhöhung, also negativ.

Übung Distributionspolitik

Einmal die Idee konzipieren und dann schnelle Vervielfältigung mit fremden Kapital. Alle Franchisenehmer übernehmen Kapital und Risiko. Deutlich schneller als in Eigenregie Geschäfte zu eröffnen.

Stichwortverzeichnis

© Springer Fachmedien Wiesbaden GmbH 2017
G.-I. Spindler, *Basiswissen Allgemeine Betriebswirtschaftslehre*,
DOI 10.1007/978-3-658-18630-2

Printed in Germany
by Amazon Distribution
GmbH, Leipzig

22541337R00125